黄土高填方监测技术研究与应用

张继文　于永堂　著

U0167867

中国建筑工业出版社

图书在版编目（CIP）数据

黄土高填方监测技术研究与应用/张继文，于永堂
著 . —北京：中国建筑工业出版社，2023.5
ISBN 978-7-112-28593-8

Ⅰ.①黄…　Ⅱ.①张…②于…　Ⅲ.①黄土地基—地
基变形—研究　Ⅳ.①TU47

中国国家版本馆 CIP 数据核字（2023）第 058675 号

本书依托"十二五"国家科技支撑计划项目"黄土丘陵沟壑区（延安新区）工程
建设关键技术研究与示范"子课题一"黄土高填方现场监测技术研究"的科研成果，
结合具体工程实例，分析了黄土高填方工程特点，梳理了黄土高填方工程的监测需
求，提出了黄土高填方工程的监测指标体系，详细介绍了黄土高填方工程变形、应力
和地下水监测设备的选择、监测新设备的研制、监测系统的设计、监测元件的埋设与
保护、监测数据的观测和监测资料的整理分析方法等。

本书可供从事高填方工程建设和科学研究的相关技术人员参考使用。

责任编辑：杨　允
责任校对：姜小莲

黄土高填方监测技术研究与应用

张继文　于永堂　著

*

中国建筑工业出版社出版、发行（北京海淀三里河路 9 号）
各地新华书店、建筑书店经销
北京龙达新润科技有限公司制版
建工社（河北）印刷有限公司印刷

*

开本：787 毫米×1092 毫米　1/16　印张：12　字数：241 千字
2023 年 9 月第一版　　2023 年 9 月第一次印刷
定价：**60.00** 元
ISBN 978-7-112-28593-8
（40767）

前　　言

我国西部黄土丘陵沟壑区地形起伏、梁峁起伏、沟壑纵横、平地较少，位于该地区的城镇普遍面临着建设用地紧缺的难题。为了增加工程建设用地，西部多个城市利用城市周边的低丘缓坡，采取削峁填沟方式造地，形成了大量挖填交替、方量巨大、填料特殊的黄土高填方工程。由于地形地质条件复杂，特殊土广泛分布，在降水入渗、水位变动等恶劣环境影响下，场地极易发生开裂、塌陷、失稳滑坡等灾害，严重威胁场地安全与稳定，迫切需要开展全程、长期和系统的监测，掌握黄土高填方工程的变形与稳定状态。然而，常规黄土高填方监测技术存在监测手段落后、评价指标单一和预警能力不足等问题，缺乏适合黄土高填方工程的监测指标体系、监测设备（仪器）和方法、监测设计方法、监测数据观测和整理分析方法，难以实现对工程状态的准确把控。

为保障以延安新区为代表的黄土高填方工程安全，全面掌握黄土高填方工程的变形与稳定状态，科技部设立了国家科技支撑计划项目"黄土丘陵沟壑区（延安新区）工程建设关键技术研究与示范"（2013BAJ06B00），其中子课题一为"黄土高填方现场监测技术研究"（2013BAJ06B01），由机械工业勘察设计研究院有限公司作为牵头单位，合肥工业大学作为参与单位，课题自2013年1月开始实施，于2017年1月通过验收。此外，机械工业勘察设计研究院有限公司自2012年起还承担了延安新区黄土高填方工程的岩土工程监测工作。本书以上述科研成果为基础，以延安新区黄土高填方工程为依托，总结了黄土高填方工程特点及其所面临的主要工程技术难题，分析了黄土高填方的主要工程灾害，明确了黄土高填方的监测对象和监测需求，提出了适合黄土高填方的监测指标体系，研发了系列新设备（仪器）和新方法，并将研究成果应用于实际工程。

本书作者及团队在黄土高填方工程建设过程，始终坚持科技研发与工程实践紧密结合，在黄土高填方工程的变形、应力和地下水监测中，进行了现有监测设备（仪器）的改进与集成、监测新技术的研发，取得了多项创新成果，主要包括：研发了北斗高精度定位解算算法及变形监测系统；开发了高填方内部变形监测新仪器、新方法及埋设工艺；建立了高填方监测信息管理系统平台等。本书介绍的部分成果还被纳入国家标准《高填方地基技术规范》GB 51254—2017，中国工程建设标准化协会标准《黄土填方场地岩土工程监测技术规程》和《黄土高填方场地与地基技术规范》等，在全国范围内推广应用。

本书共分为6章，第1章介绍了黄土高填方工程监测技术现状及存在的主要问题；第 2 章介绍了黄土高填方工程的主要特点与难点、工程常见灾害、主要监测对象、监测项目和监测设计方法等；第 3 章介绍了黄土高填方工程内部沉降、地表沉降、内部水平位移、地表水平位移和裂缝的监测方法，监测设备（仪器）的选择、安装埋设、观测与资料整理分析方法等；第 4 章介绍黄土高填方工程土压力和孔隙水压力的监测方法，监测设备（仪器）的选择、安装埋设、观测与资料整理分析方法；第 5 章介绍黄土高填方工程地下水位、盲沟水流量和土体含水率的监测方法，监测设备（仪器）的选择、仪器标定、安装埋设、观测与资料整理分析方法等；第 6 章以延安新区黄土高填方工程为例，介绍了各类监测技术在实际工程中的应用情况，以及开发的黄土高填方工程信息化监测系统平台。

本书除作者的主要贡献外，还汇聚了作者所在团队的集体智慧和辛勤劳动，受到众多领导、专家的关心和支持。首先要感谢延安新区管委会历任领导对本项工作的大力支持，特别要感谢延安市新区管理委员会副主任兼总工程师高建中教授级高工的鼎力支持和指导！感谢课题牵头单位机械工业勘察设计研究院有限公司张苏民、张炜、郑建国三位全国工程勘察设计大师的悉心指导，以及梁小龙教授级高工、刘争宏教授级高工、杜伟飞高级工程师、王建业高级工程师、李攀高级工程师、齐二恒高级工程师、梁谊工程师、刘智高级工程师等在监测技术研发和工程应用中的支持和付出！还要感谢课题合作单位合肥工业大学的朱大勇教授、夏娜教授、黄铭教授、郑利平教授、徐本柱副教授、路畅硕士生、汪涵硕士生、陈伟硕士生、廖婷硕士生、杨鹏程硕士生和王桃硕士生等为课题研究所做的贡献！在此，特向他们致以诚挚的谢意！

由于作者水平有限，书中难免存在不足之处，敬请各位专家和读者批评指正。

张继文　于永堂
2023 年 6 月 6 日

目　　录

第 1 章 绪论

1.1 背景及意义

我国黄土丘陵沟壑区面积广阔,分布于山西、陕西、甘肃和宁夏等 7 省(区),面积达 21.18 万 km²,其显著特点是梁峁起伏、沟壑纵横、平地较少[1]。随着"一带一路"倡议和西部大开发战略的持续推进,我国经济建设逐步由沿海向内地、由平原向山区纵深发展,西部黄土丘陵沟壑区城镇化进程进入快速发展阶段,然而位于黄土丘陵沟壑区的城镇,受地形空间限制,城镇空间布局狭窄、拥挤,周边可利用土地资源有限,普遍面临着建设用地紧缺难题。为了增加城市、机场和工业等建设用地,以延安、兰州等为代表的川谷型城市,近年来利用城市周边的低丘缓坡开发建设用地,实施了一批挖填交替、方量巨大的黄土高填方工程(表 1.1),一些工程的填方厚度达几十米,甚至上百米[2]。由于黄土高填方工程在地形地貌、地质构造、地层岩性、工程地质与水文地质条件及服役要求等方面的特殊性,在对其变形与稳定状态不清的情况下,按现有的理论与技术开展挖填造地后上部工程建设将面临诸多挑战。

我国典型的黄土高填方工程统计表　　　　　　　　　　表 1.1

序号	工程名称	用途分类	原地基的处理方法	填筑体的处理方法	最大填方厚度(m)
1	陕西延安新区北区	城市建设用地	强夯	分层碾压+强夯补强	112.0
2	陕西延安新区东区	城市建设用地	强夯	分层碾压+强夯补强	51.0
3	宁夏固原机场撒门沟高填方工程	机场建设用地	强夯	分层碾压	50.6
4	陕西延安南泥湾机场	机场建设用地	强夯	分层碾压	100.0
5	甘肃陇南成州机场	机场建设用地	强夯	分层碾压+强夯	42.0
6	山西吕梁机场	机场建设用地	强夯	分层碾压	85.0
7	陕西延安煤油气资源综合利用项目场平工程	工业建设用地	强夯	强夯	70.0

黄土高填方工程涉及地形地貌、地质条件复杂的原地基,填料性质特殊、填方厚度大幅度变化的填筑体,高度大、受自然和施工因素影响大的挖填黄土高边坡,使得黄土高填方工程的变形与稳定性问题十分突出。黄土高填方地基过大的沉降及不均匀沉降会在后续工程建设中引起一系列工程问题,如造成路面高低不平或开裂、市政管线断裂和渗漏、房屋建筑的开裂和倾斜等。受降水入渗、水位

变动等不利条件影响，黄土高边坡内的软弱层和结构面抗剪强度降低，地下水的力学作用破坏边坡的平衡状态，会出现坡面开裂、局部坍塌，严重时甚至会出现整体滑坡。若要避免或减少上述工程问题的出现，就必须掌握黄土高填方工程的变形与稳定状态，这就需要依赖于科学、可靠的岩土工程监测工作，基于监测结果指导施工期高填方地基处理措施的制定、地势和土方平衡设计，为工后期建（构）筑物的合理规划布局和确定合理的后续地面工程建设时机提供依据。

1.2　黄土高填方工程相关监测技术现状

1.2.1　变形监测技术现状

（1）外部变形监测

1）常规大地测量技术。大地测量技术是变形监测的传统方法，主要包括三角测量、几何水准测量和交会测量等方法，该类方法的主要特征是可以利用测距仪、激光准直仪、水准仪和经纬仪等传统的大地测量仪器，理论和方法成熟，测量数据可靠，观测费用相对较低[3]，但该类方法存在观测过程时间长，劳动强度高，观测精度受到观测条件的影响较大，不能实现自动化观测等缺点。随着技术的进步，国内外学者对该类方法进行了现代化改进[4-6]：利用高精度测距代替精密测角，以提高工作效率；采用电子水准仪代替原来的光学水准仪观测，有效地提高观测数据的可靠性；采用测量机器人代替原来的经纬仪观测，实现观测和数据处理的自动化和智能化。

2）测量机器人技术。测量机器人（Measuring Robot）是 20 世纪 80 年代由奥地利维也纳大学与 GEO DATA 和瑞士 Leica 公司共同开发的全自动测量仪器，测距可达 3km，500m 测程精度达 1mm，每个点高程与坐标计算不足 1min，可实现自动寻找被测目标并计算其高程与坐标[7]。测量机器人由带电动马达驱动和程序控制的 TPS 系统结合激光、精密机械、通信及 CCD 传感器技术等组合而成，它集目标识别、自动照准、自动测角测距、自动跟踪和自动记录于一体[8-9]。测量机器人可自动寻找并精确照准目标，在 1s 内完成一目标点的观测，像机器人一样对成百上千个目标作持续和重复观测，可以实现施工测量和变形监测全自动化[10]。国内已在小浪底大坝[10]、三峡库区滑坡体[11] 等大量工程的外观监测中应用了测量机器人，达到了不错的观测效果。

3）卫星定位变形监测技术。利用卫星定位系统（GNSS）采用载波相位差分算法对监测对象的三维位移进行监测。目前，世界上的卫星定位系统主要有美国的全球定位系统（GPS）、俄罗斯的格罗纳斯系统（GLONASS）、欧盟的伽利略系统（GALILEO）和中国的北斗系统（BDS）[12-14]。2000 年起，我国开始自主建设 BDS 系统[15]，到 2020 年已成功发射了 55 颗卫星，现已实现全球覆盖。近年来，以北斗为主的多星多频 GNSS 接收机已在沉降监测[16]、地质灾害监测[17]、尾矿库监测[18]、建筑安全监测[19]、桥梁变形监测[20-21] 和大坝变形监测[22] 等中得到应用。利用 BDS 系统进行变形监测时，需要通过建立合理的数据组合策略、误差改正模型、周跳探测与修复、参数估计方法和模糊度固定策略等数据处理方法来实现高精度定位[23]，实现事后处理静态测量毫米级精度，实时动态差分厘米级精度，广域双频接收机分米级精度，当采用特殊的观测措施、精密星历和适当的数据处理模型和软件后，精度可以达到毫米级甚至亚毫米级。

4）InSAR 变形测量技术。利用合成孔径雷达对同一地区不同时间点观测的两幅复数值影像（既有幅值又有相位的影像）数据进行相干处理，来计算目标地区的地形、地貌以及表面的微小变化。该技术可以潜在地测量几天到几年跨度的毫米级变形，具有大范围、全天候和成本低等优点。InSAR 变形监测方法包括差分雷达干涉技术（D-InSAR）、永久散射体（Persistent Scatterer InSAR，PS-InSAR）、小基线集（Small Baseline Subsets InSAR，SBAS-InSAR）、分布式散射体（Distributed Scatterer InSAR，DS-InSAR）和多孔径 InSAR（Multi-aperture InSAR，MAI）等[24-27]，其中 PS-InSAR 方法集合了常规差分干涉技术探测大范围微小地面形变的优点，又能克服常规差分干涉测量中大气延迟和时空失相关的影响，使常规差分干涉测量中不能利用的 SAR 数据均能得到充分利用，因此在缓慢、微小地面沉降的长时间监测方面，该技术可以发挥最大的技术优势，在如城市地面沉降、矿区沉降、基础设施变形、冻土形变和滑坡体变形等高分辨率变形监测中得到广泛应用[28]。

（2）内部变形监测

1）内部沉降监测

目前，内部沉降监测应用较多的有深层沉降标法、电磁式沉降仪法、水管式沉降仪法、液体静力水准仪法、水平式测斜仪法和液压式沉降仪法等。各监测方法的原理及特点如下：

①深层沉降标法。在地层中不同深度处安装沉降标，将地层深部沉降通过沉降板、测杆引至地面，采用几何水准方法测量，是国内最早使用的一种深部沉降监测方法，也是目前在试坑浸水试验中应用较多的一种方法。该方法的优缺点如下[29]：优点是方法成熟、成本较低、操作简单，在保护好的情况下精度可满足工程需要；缺点是影响填土正常施工，测杆的垂直度难保证、施工过程易损坏且难以补救，一般为单点测量，多点测量时相互影响较大，测量精度受基准点（不动点）的选取影响较大，采取人工观测，不能实现远程、自动化监测。

②电磁式沉降仪法。该方法是在 20 世纪 80 年代初，由谷口敬一郎等人根据电磁感应原理研发[30]。该方法是在地基中监测部位垂直埋设沉降管，沿沉降管

外一定间距布置沉降磁环（或沉降磁板），沉降磁环随土体沿沉降管上下运动，用带有标尺的沉降探头感应并确定每个磁环的位置，以此计算地基中不同深度处土层的沉降量和总沉降量。该方法的优缺点如下[29,31-33]：优点是原理简单、操作简便、土层适应性强和受环境影响小等；缺点是干扰正常施工、影响压实效果、基准点选取困难、观测时效性差且劳动强度高。

③水管式沉降仪法。该方法是利用液体在连通管两端口处于同一水平面的原理研发。当观测人员在观测房内测出连通管一个端口的液面高程时，便可知另一端（测点）的液面高程，前后两次高程读数之差即为该测点的沉降量[34]。该方法的优缺点如下[35-37]：优点是测量原理简单，测量结果直观，若采用测量精度高的传感器测量玻璃管中水柱高度，可实现自动化监测；缺点是埋设施工工作量大，沟槽开挖对施工干扰大，影响主体施工进度，施工工艺要求较高，测头和管道都需要进行必要的保护，管路须可靠连接，观测程序和维护措施复杂。

④液体静力水准仪法。该方法是根据在重力作用下，静止液面总是保持同一水平的原理实现的[38]。静力水准仪一般是由两个或多个相互连通的静力水准仪组成的，各静力水准仪的贮液容器间用通液管连通，储液容器内注入液体，液体在管道中自由流动，当液体平衡或者静止时各个容器中的液体表面将保持相同高度，当监测点处发生沉降时，将引起容器中液面高度发生变化，采用液位传感器测量容器内液面变化，经计算可求得各点相对于基准点的沉降量，通过测定基准点的绝对沉降量，进一步可得到各监测点的绝对沉降量。该方法的优缺点如下[39-41]：优点是精度高、监测范围广、监测值可靠，可实现远程自动化观测；缺点是温度对观测精度的影响大，且由于液体的黏滞作用，静力水准仪管路内部的液体需要一段时间才能流动并且平衡，无法实现对沉降变化量的高速测量。

⑤水平式测斜仪法。该方法可分为水平固定式测斜仪法和水平滑动式测斜仪法两种。水平固定式测斜仪法的原理是[42-43]：在监测高程水平布置测斜管，管内放置由若干按一定间距串接的传感器，测量重力加速度在水平方向的分量即可精确计算传感器与水平方向的斜角，根据传感器间距和所测倾角计算该传感器对应测斜管段的位移，通过几何关系计算出对应高程差，进而获得沉降量。该方法的优缺点如下[31,44-45]：优点是对施工干扰较小，安装方便、快捷，施工期即可观测，不需配套土建工程，观测方便，操作简单，输出信号为标准信号，方便接入自动化系统；缺点是当发生不均匀沉陷或错位，对测量系统影响较大，是否适应大的沉降变形有待进一步研究验证。水平滑动式测斜仪法的原理与水平固定式测斜仪法基本相同，不同之处是测斜仪未固定在测斜管内，需人工拉测，主要应用于大坝、路基等线性工程的安全监测[46]。

⑥液压式沉降仪法。该方法是在沉降测点处安装液压传感器（如高精度渗压计），由进、回两根通液管给传感器供液，并将液压传感器与固定在观测房内的

储液罐连通，排出管路内的气泡，测读液压传感器所受液体压强的变化，换算出测点处相对于储液罐液面的液柱高度变化，来计算测点相对于观测房（储液罐）的相对沉降，而观测房的绝对沉降则可用外观方法测量获得，进而通过计算可得到沉降测点的绝对沉降量[47]。该方法的优缺点如下[44,48-49]：优点是测量原理简单，施工较为方便，施工即可进行观测，可接入自动化系统；缺点是存在管路堵塞和防冻问题，若水柱高度过大，则测量精度达不到规范要求，且绝对沉降观测精度受水准测量精度的影响。目前，该方法还主要用于堆石坝工程的沉降监测，在其他工程中的应用较少。

2）内部水平位移观测

目前，内部水平位移观测主要采用测斜仪法，所用仪器包括滑动式测斜仪和固定式测斜仪两种。测斜仪通过测量两点间的倾角变化，经过变换得到两点间的相对位移[50]。国外 20 世纪 50 年代就开始利用测斜仪对土石坝、路基、边坡及其隧道等工程进行水平位移监测[51]。国内从 20 世纪 80 年代开始引进美、日、英等国生产的测斜仪，不同类测斜仪之间的主要差别是传感器类型和性能，外观和使用方法基本相同[52]。国内外厂家和科研院所生产的测斜仪按照其原理可分为滑动电阻式、电阻应变片式、钢弦式及伺服加速度计式等。滑动电阻式测斜仪的优点是测头坚固可靠，缺点是测量精度不高；电阻应变片式测斜仪的优点是产品价格便宜，缺点是量程有限，耐用时间不长；钢弦式测斜仪的特点是受湿度、温度和外界环境的干预影响较小；伺服加速计式测斜仪具有精度高、量程大和可靠性好等优点，目前应用最为广泛，主要生产厂家包括美国的 Sinco 公司和 Geokon 公司，英国的 Soil 公司，加拿大的 RST 公司和 Roctest 公司，以及中国航天科工惯性技术有限公司等。

滑动式测斜仪和固定式测斜仪的主要区别如下[53-57]：

①当采用滑动式测斜仪法进行测量时，自孔底至孔口每间隔一定距离（一般为 0.5m 或 1.0m）测量一个数据，其优点是可重复使用，且可根据需要多测点观测，成本较低，工程应用较多；缺点是当测斜孔数量较多、孔深较大时，人工劳动强度较高，当钻孔内的测斜管被错断或被挤压变形，此时滑动式测斜仪探头不能在测斜孔中自由移动测量，会导致观测失效。

②当采用固定式测斜仪法进行测量时，测斜仪的探头安装至测斜孔中某一深度处不动。当需要了解沿深度整个钻孔的水平位移变形情况时，可以将测斜管中固定一连串的传感器进行观测。优点是监测精度高、无人为干扰，能实现长期自动化遥测；缺点是在同一深部钻孔内可安装的测点数量有限、监测成本较高，因此实际工程中一般多应用于滑动式测斜仪难以测读或需要连续监测的区域，如地质环境复杂、现场条件恶劣和安全风险大的高陡边坡等关键部位。

1.2.2　应力监测技术现状

（1）土压力监测

土压力的测量是土力学理论和试验研究的一个重要方面，埋设土压力计（盒）是获取有关土压力信息的直接手段[58]。自 1916 年美国的哥尔得贝克（GOLDBECK）发明土压力计以来，距今已有 100 多年的历史，而我国对土压力计的研制自 20 世纪 50 年代末才开始[59]。近 30 年，随着传感技术的进步，国内外已有多种不同规格、不同原理的土压力传感器问世。目前工程中常用的土压力计按照原理可分为钢弦式、电阻应变式、差动电阻式、变磁阻式、压电式和电容式等多种，分别面对各种不同的工程需求，其中又以钢弦式应用较多[60]。钢弦式土压力计的基本原理是当土压力作用在膜盒上后，膜盒会产生变形，膜盒中心产生挠度，钢弦的长度发生变化，自振频率随之发生变化，此时测定钢弦的自振频率，即可换算出土压力值。土压力计的形状、变形以及土的压缩性等对其测试结果具有较大影响，因此，合理选择径高比以及有效直径与中心挠度之比，可以改善上述影响。此外，实际工程中进行土压力监测时，由于土压力计与土介质材料的弹性模量、泊松比不一致，其刚度不可能与土体相匹配，从而破坏了原有土压力场。土压力计与周围介质之间的匹配示意图如图 1.1 所示，当土压力计的刚度大于土体刚度时，其测量值将偏大；反之，则偏小[61]。

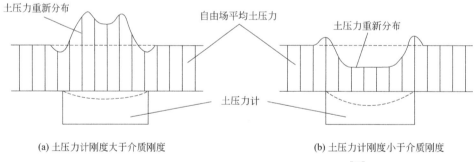

(a) 土压力计刚度大于介质刚度　　　　　　　　　(b) 土压力计刚度小于介质刚度

图 1.1　土压力计与周围介质之间的匹配示意图[61]

土压力的准确测量比较困难，其主要原因除了与被测土体情况比较复杂的外部因素有关外，还与土压力计与土介质的变形特性不一致、受压面变形不规则等因素有关[58,62-63]。针对土压力计的观测误差问题，国外很早就有学者对土压力计测量值的标定修正方法进行了研究[64-65]，例如：AHANGARI 等[66] 研究了土压力计与周围介质的刚度比值对土压力测量值的影响；WACHMAN 等[67] 研究了土压力计表面应力分布与测量值的关系；TALESNICK[68] 研究了土的类别、颗粒大小、强度和应力历时等与土压力测量值之间的关系。国内学者对土压力计的研究工作起步较晚，刘宝有[69-70] 对土压力计的设计、生产工艺、安装埋设等进行系列研究，介绍了三种类型的标定设备：仅能施加垂直荷载的圆筒压力标定箱、垂直和侧向均可加压的圆筒压力标定箱、环圈仪；左元明[71] 对四种不同承压膜厚度的压力计，以不同密度的粗、中、细砂进行标定的结果表明，在第一次加荷阶段，量测误差均在 10％范围之内；在第二、三次加荷阶段，承压膜厚度为 3mm 的压力盒其量测误差也在±10％范围之内；陈春红[72] 对土压力计采用室内砂标法标定，测得的标定系数值比厂家气标法小约 30％；曾辉等[73] 推导出了土压力计与周围土体匹配误差的近似解析理论公式和统一的定量计算公式，建立了两个匹配条件之间的定量关系；韦四江等[74] 研究了微型土压力计的载荷系数与工作介质之间的关系，并对微型土压力计进行了标定；王继成等[75] 针对欠固结土、超固结土分别提出了土压力的修正方法，将该方法用于挡土墙竖向土压力的测量修正。

(2) 孔隙水压力监测

孔隙水压力是地基、边坡等安全监测与预警的重要监测指标和信息源[76-78]。在各类地基处理工程中，对孔隙水压力的监测与分析一直以来备受关注，相关学者在填方路基、土石坝等工程中取得了较多的研究成果[79-82]。然而，对于沟谷地形中整流域填沟造地形成的高填方场地，尤其是沟谷地形中黄土高填方场地的孔隙水压力变化规律，目前还鲜见相关研究成果。常用的孔隙水压力监测设备（仪器）有竖管式、水管式、振弦式、差动电阻式、电阻应变片式和压阻式等类型，国内土石坝和其他土工结构物多采用振弦式、差动电阻式和压阻式，并可实现自动化监测[83]。常用孔隙水压力监测仪器如下[84-87]：

1) 竖管式孔隙水压力计：下部有进水管段，上部连竖管引至地面，又称为测压管。该仪器通过沉放测锤来测定水位，当竖管承受水压力过大时，在竖管顶端接压力表测渗透压力。根据水位到管口的深度，通过管口高程换算水面高程，与前次水面高程相比较，可知水位在该段时间变化，即孔隙水压力值变化。

2) 水管式孔隙水压力计：土中孔隙水压力通过测头和管路传至零位指示器和压力表。当压力变化时，管路中液体发生体积变化，零位指示器水银面失去平衡，偏离零位，随即旋动活塞调压筒，使水银面复至零位，此时由压力表读数和测点至压力表基准面高度，算出该测点的孔隙水压力值。

3) 振弦式孔隙水压力计：将一根振动钢弦与灵敏受压膜片相连，当孔隙水压力经透水石传递至内腔的承膜片上，承膜片与钢弦一同变形，引起钢弦频率变化，通过测定钢弦自振频率变化，根据自振频率与水压力关系，即可获得孔隙水压力值的大小。

4) 差动电阻式孔隙水压力计：孔隙水压力通过透水石作用于弹性薄板上，引起充满变压器油的密封腔内两根电阻丝的长度变化，其中一根伸长，另一根缩短，电阻丝的长度变化引起电阻值的变化，通过比例电桥测得电阻的变化，根据一定量程范围内电阻变化与压力大小的线性关系，即可计算出孔隙水压力值。

5）电阻应变片式孔隙水压力计：孔隙水压力通过测头上的透水石施加压力于贴有电阻应变片的弹性薄膜上，薄膜片的变形引起电阻应变片四个桥臂的电阻变化，用电阻应变仪测出与孔隙水压力成正比的电桥输出，即可确定孔隙水压力值。

6）压阻式孔隙水压力计：传感器敏感元件为惠斯顿电桥结构，四个应变压阻偏通过离子注入硅膜片中，加压后，硅膜片变形，电桥失去平衡。电桥输入端加上驱动信号后，桥路中四个敏感电阻平衡时，电桥输出信号为零，当外界压力变化引起桥路不平衡时，电桥输出端产生有一个输出电压，在一定量程范围内输出电压与所加压力呈线性关系，进而获得孔隙水压力值。

孔隙水压力计的可靠埋设与测试，观测数据的正确分析，对保证监测结果的准确性至关重要[88-89]。为此，国内学者针对该孔隙水压力计的埋设开展了一系列研究，如张功新等[90] 在饱和软土地基中利用改进后的孔隙水压力计封孔装置，实现一孔埋设多个孔隙水压力计，同时对土体压缩和地下水位变化对超静孔隙水压力计算的影响进行分析；付贵海等[91] 提出了一套在深厚软土地区埋设孔隙水压力计的适用方法；赵秀绍等[92] 分析了常压标定误差、量程选择及无套管埋设孔隙水压力计的方法。中国工程建设标准化协会标准《孔隙水压力测试规程》CECS 55：93[93] 和文献 [94-97] 中介绍的孔隙水压力计监测方法，主要是针对南方软土地区的强夯加固、加载预压、沉桩和降水等工程，而黄土高填方工程与上述工程在地质条件、荷载条件等方面均差异明显，现有分析方法不宜直接照搬，尚需结合黄土高填方工程特点进行孔隙水压力监测仪器的选择、安装埋设、测试和数据处理分析。

1.2.3 地下水监测技术现状

（1）地下水位监测

地下水位是最普遍、最重要的地下水监测内容，目前较常用的水位观测仪器及方法如下[98-99]：

1）测盅：由盅体和测绳组成，盅体是空圆筒，一端开口，另一端封闭，封闭端系测绳，测量时开口端向下，上下提放测盅，根据开口端接触水面时发出的撞击声，判断水面位置，读取测绳上刻度，即得到地下水位值，因测盅接触水面确切位置难判断、测绳长度存在误差，因此测量精确不高。

2）悬锤式水位计：由测锤、测尺、指示器和尺盘等组成。测锤端部带有两个相互绝缘的触点，测尺内带有两根导线，分别与测锤触点相连，当两触点接触水面时，电阻变小（导通），与两根导线相连的指示器发出声光信号，读取测尺内附带的金属卷尺读数，即可确定地下水位面到管口的距离。

3）压力式水位计：由压力式传感器、水位显示器、专用电缆和电源等组成。将压力式传感器悬吊固定在水面下某一深度处，该深度处水柱压力作用于压力式传感器上，从而可测量该点的静水压力，根据水体的密度换算得到此测量点以上水位的高度，间接获得到该点的地下水位。为提高测量精度一般需要配合气压补偿计来消除大气压力变化所带来的测量误差。

4）浮子式水位计：由浮子、悬索、水位轮系统和平衡锤等组成。浮子平衡锤与悬索连接，悬索悬挂在水位轮的 V 形槽中。平衡锤起拉紧悬索和平衡作用，调整浮子的配重使浮子工作于正常吃水线上。浮子随水位的升降而升降，平衡锤拉动悬索带动水位轮顺时针或逆时针旋转，水位编码器读数增加或减小。

（2）水流量监测

工程上常用的水流量测量方法有容积法、堰槽法、流速-面积法、水位-流量关系法和比降面积法等，各种水流量监测方法简要介绍如下[100-102]：

1）容积法：利用已知容积的水槽或水池，在一定时间内测得流入液体的体积，通过计算得到需计量的水量。

2）堰槽法：让水流通过束缩的过水断面并控制水流，利用水流通过过水断面最狭窄部分时出现的稳定水位流量关系来计算流量，主要包括薄壁堰、宽顶堰、矩形长喉槽、梯形长喉槽、U 形长喉槽、巴歇尔槽和孙奈利槽等，其中薄壁堰由于具有稳定的水头和流量关系，结构简单，操作方便，得到广泛应用。随着近年薄壁堰的理论和实践进步，出现了各种类型的薄壁堰，如三角形堰、梯形堰、矩形堰、窄缝堰、双曲线堰等，不同的薄壁堰适用于不同的地形和渠道，因此在测量水流量时应选用合适的堰型。

3）流速-面积法：基于明渠断面流速分布经验公式，测得断面某点的流速及断面水位和渠底泥位后，由流速与断面面积的乘积来计算流量，常用的流速测量方法如流速仪法、电磁感应法、超声波测流法和漂浮物法等。

4）水位-流量关系法：利用非满管或明渠自由表面自然流的条件下，液位和平均流速间的函数式，测量流动的管渠水位以求取流量的一种方法，优点是造价低，阻力损失小且不易形成沉积物，缺点测量精度低，受糙率的影响大。

5）比降面积法：选定测验渠段，确定其平均过水断面的面积，测定该渠段的水面积比降，然后采用已知的经验公式来确定平均流速。

（3）土体含水率监测

在黄土高填方工程中，原地基和填筑体的沉降变形与土中水分的分布和迁移关系密切，边坡土体的含水率也是影响边坡稳定性的重要因素，为此常需要监测土层的含水率变化情况。目前土体含水率的监测方法较多，其测试原理和方法、测量精度和范围、适用对象以及成本等都不同。小区域范围内的土体含水率的监测主要有近红外法、电阻法、中子法、张力计法和介电法等[103-105]，大区域范围内土体含水率的时空分布和变化监测通常采用遥感技术。

在地质与岩土工程的土体含水率监测方法中，基于介电法原理开发的各类水分计，由于具备安全、快速、连续、简便、可实现自动化监测等优点，成为近年来的研究热点[106-107]。之前水分计主要用于农业领域的土壤墒情监测，农业工程对含水率监测的精度要求不高，且埋设深度浅，而黄土高填方工程对含水率监测的精度要求较高，且埋设深度大。以往由于对水分计的性能认识不足，监测过程大多未经标定而直接使用，一些工程在应用水分计时虽有标定，但标定过程未考虑土的密度变化、土质差异等对含水率监测结果的影响，导致含水率监测精度不高。

1.3 黄土高填方工程监测存在的主要问题

（1）缺乏适合黄土高填方工程的监测指标体系

一套可靠的监测指标体系对于全面了解和掌握高填方工程的变形和稳定状态，及时捕捉工程安全和地质灾害的特征信息，正确地分析、评价、预测、预报及治理等提供可靠资料和科学依据。一方面，已建成的黄土高填方工程，其监测内容多重视效应量监测，忽视原因量监测，难以综合反映黄土高填方工程的变形与稳定状态；另一方面，岩土工程监测的指标很多，若面面俱到又提高了监测成本。因此，应结合黄土高填方工程面临的主要工程地质与岩土工程问题，选择一些有控制作用和代表性的项目作为监测指标。

（2）缺乏适合黄土高填方工程的自动化监测设备

目前，黄土高填方工程的自动化监测手段应用少，监测信息分析反馈不及时。随着黄土高填方规模越来越大，以及工程对监测工作连续性、实时性和自动化监测程度要求的提高，常规测量技术已越来越受限。传统的静态和动态测量方法因为观测不连续、人工临时观测、受环境条件限制以及连续性、实时性和自动化监测程度的不足，难以及时发现隐患和分析演化趋势。

（3）缺乏适合黄土高填方工程的监测方法与手段

现有的监测技术大多针对某一类特定的工程环境开发，若直接应用于黄土高填方工程则会产生一些问题，如前文所述的水管式沉降仪法、振弦式沉降仪法、水平固定式测斜仪法等垂直位移监测方法，观测过程仪器易受掺气、渗漏或线路不均匀沉降的影响使得整体观测精度大为降低，且在大面积施工场地中难以找到稳定、不受干扰的基准点，难以直接采用。另外，由于监测仪器埋入地下后，基本是无法更换的，若要准确获得监测结果，各类监测仪器埋设前必须进行标定检验。然而，实际工程中仍多以仪器出厂标定结果为依据，而仪器出厂标定环境与实际使用环境相差很大，导致测试值与真实值偏差较大。

（4）缺乏适合黄土高填方工程的监测元件埋设技术

监测元件埋设的可靠性、成活率对保证监测数据的真实、准确、完整至关重要。传统的监测元件埋设技术难以满足黄土高填方工程的施工环境：①施工期常用的坑式埋设法、填筑面埋设法，经常发生监测元件和电缆损毁的情况，且埋设成本较高，对施工的干扰大，影响施工进度，为此需在监测点处采取避让措施，填土施工质量难以保证，监测仪器必须分段埋设，且埋设后无法及时进行观测，其观测成果不能准确、全面地反映施工期变形。②竣工后采用的钻孔埋设法，丢失施工期监测数据，且监测元件与所监测岩土介质的结合性、匹配度较差。

（5）缺乏适合黄土高填方工程的监测设计方法

由于国内尚无黄土高填方工程监测方面的标准、规范，只能参考其他工程的监测规范，这样就导致监测点位布设、监测方法选择、监测周期的确定等工作都带有人为的主观性、随意性，难以保证监测结果的科学与规范，导致测点埋设不及时、监测方法不正确、数据处理分析不合理等，这也是一些事故发生前未能及时发现的原因之一。因此，监测工作标准化非常重要。通过合理的监测设计，实现监测工作的规范化、监测手段的现代化、监测方法的标准化、监测管理的科学化、日常工作的制度化，使黄土高填方工程的监测工作更好地为工程建设服务。

（6）缺乏适合黄土高填方工程的监测数据分析方法

以往黄土高填方工程的监测资料分析评价多为短期的定性分析，缺乏系统性与综合性。传统监测工作重视数据采集和提交简单报表，忽视了成果分析、解释和反馈，直接导致花费了大量人力、物力采集的数据没有得到充分及有效的应用，未能及时发现工程的潜在安全风险。事实上，在岩土工程监测工作中，数据采集是基础，数据的分析和解释才是关键。监测工作的难点之一是在从大量、繁杂、结构各异的数据中挖掘观测量之间、原因量和效应量之间、观测量与施工过程之间的相关关系，进而动态判断施工过程中的风险，提出建议措施。

1.4 主要内容

本书依托"十二五"国家科技支撑计划项目"黄土丘陵沟壑区（延安新区）工程建设关键技术研究与示范"（2013BAJ06B00）课题一"黄土高填方现场监测技术研究"（2013BAJ06B01），依托延安新区黄土高填方工程，针对现有高填方工程监测技术存在的理论基础薄弱、监测手段落后、评价指标单一、预警能力等方面的不足，难以实现对工程的准确把控等问题，开展了监测设备的研制、监测技术的研发、监测技术的应用，解决了黄土高填方工程中"测什么、如何测、怎么用"等关键技术问题，主要内容如下：

（1）总结了黄土高填方工程特点及其所面临的主要工程技术难题，分析了黄土高填方工程的主要工程灾害，明确了黄土高填方工程的监测对象和监测需求，提出了适合黄土高填方工程的监测指标和监测设计方法。

（2）介绍了黄土高填方工程内部沉降、地表沉降、内部水平位移、地表水平位移和裂缝的监测设备（仪器）、观测与资料整理分析方法，研发了变形监测新方法，构建了空中、地面和土体内部三维立体式变形监测系统。

（3）介绍了黄土高填方工程土压力和孔隙水压力的监测方法，监测设备（仪器）的选择、安装埋设、观测与资料整理分析方法等。

（4）介绍了黄土高填方工程地下水位、盲沟水流量和土体含水率的监测方法，监测设备（仪器）的选择、安装埋设、观测与资料整理方法等。

（5）介绍了各类监测技术在延安新区黄土高填方工程中的应用情况，并分析了典型监测点的变形、应力和地下水变化规律和发展演化趋势。

本章参考文献

[1] 张学成. 黄土丘陵沟壑区产流特性变化研究 [M]. 北京：中国水利水电出版社，2007.

[2] 于永堂. 黄土高填方场地沉降变形规律与预测方法研究 [D]. 西安：西安建筑科技大学，2020.

[3] 岳建平，方露，黎昵. 变形监测理论与技术研究进展 [J]. 测绘通报，2007 (7)：1-4.

[4] 吴世勇，陈建康，邓建辉. 水电工程安全监测与管理 [M]. 北京：中国水利水电出版社，2009.

[5] 何勇军. 大坝安全监测与自动化 [M]. 北京：中国水利水电出版社，2008.

[6] 方卫华. 综论土石坝的安全监测 [J]. 红水河，2002，21 (4)：64-67.

[7] 高改萍，李双平，苏爱军，等. 测量机器人变形监测自动化系统 [J]. 人民长江，2005，36 (3)：63-67.

[8] 张加颖，麻凤海，徐佳. 基于 TCA2003 全站仪的变形监测系统的研究 [J]. 中国矿业，2005，14 (4)：67-69.

[9] 梅文胜，张正禄，黄全义. 测量机器人在变形监测中的应用研究 [J]. 大坝与安全，2005 (5)：33-35.

[10] 渠守尚，马勇. 测量机器人在小浪底大坝外部变形监测中的应用 [J]. 测绘通报，2001 (4)：35-37.

[11] 刘祖强，张正禄，杨奇儒，等. 三峡工程近坝库岸滑坡变形监测方法试验研究 [J]. 工程地球物理学报，2008，5 (3)：351-355.

[12] 赵静，曹冲. GNSS 系统及其技术的发展研究 [J]. 全球定位系统，2008，33 (5)：27-31.

[13] 刘美生. 全球定位系统及其应用综述（一）——导航定位技术发展的沿革 [J]. 中国测试技术，2006，32 (5)：1-7.

[14]　徐绍铨. 隔河岩水库大坝外观变形 GPS 监测系统 [C]//中国全球定位系统技术应用协会第三届年会论文集, 1998: 43-50.

[15]　陆亚峰, 蒋海林, 彭遥. 北斗伪距单点定位与差分定位结果精度分析 [J]. 海洋测绘, 2014, 34 (4): 28-30.

[16]　吴焕琅. 基于高精度北斗定位的地质沉降监测 [J]. 单片机与嵌入系统应用, 2013 (12): 78-81.

[17]　朱永辉, 白征东, 过静珺, 等. 基于北斗一号的地质灾害自动监测系统 [J]. 测绘通报, 2010, 56 (2): 5-7.

[18]　吴焕琅. 高精度北斗卫星定位的尾矿库在线监测 [J]. 单片机与嵌入式系统应用, 2014, 14 (2): 77-79.

[19]　何玉童, 姜春生. 北斗高精度定位技术在建筑安全监测中的应用 [J]. 测绘通报, 2014 (S2): 125-128.

[20]　吴焕琅. 基于高精度北斗定位的桥梁形变监测 [J]. 单片机与嵌入系统应用, 2013 (11): 78-80.

[21]　夏威. 遥感干涉测量和北斗高精度定位技术在桥梁监测中的信息化应用研究 [J]. 电子测试, 2015 (19): 12-13.

[22]　吴焕琅, 蒋云钟. 基于高精度北斗定位的大坝形变监测 [J]. 单片机与嵌入式系统应用, 2014, 13 (1): 78-81.

[23]　侯海东, 杨艳庆, 刘垚, 等. 北斗卫星导航系统在变形监测中的应用展望 [J]. 测绘与空间地理信息, 2015, 38 (7): 142-144, 148.

[24]　ZEBKER H A, GOLDSTEIN R M. Topographic mapping from interferometric synthetic aperture radar observations [J]. Journal of Geophysical Research: Solid Earth, 1986, 91 (B5): 4993-4999.

[25]　GABRIEL A K, GOLDSTEIN R M, ZEBKER H A. Mapping small elevation changes over large areas: differential radar interferometry [J]. Journal of Geophysical Research: Solid Earth, 1989, 94 (B7): 9183-9191.

[26]　朱建军, 李志伟, 胡俊. InSAR 变形监测方法与研究进展 [J]. 测绘学报, 2017, 46 (10): 1717-1733.

[27]　李珊珊, 李志伟, 胡俊, 等. SBAS-InSAR 技术监测青藏高原季节性冻土形变 [J]. 地球物理学报, 2013, 56 (5): 1476-1486.

[28]　王茹, 杨天亮, 杨梦诗, 等. PS-InSAR 技术对上海高架路的沉降监测与归因分析 [J]. 武汉大学学报 (信息科学版), 2018, 43 (12): 2050-2057.

[29]　赵洪勇, 刘建坤, 崔江余. 高速铁路路基沉降监测方法的认识与评价 [J]. 路基工程, 2001 (6): 15-17.

[30]　谷口敬一郎. 电磁感应式分层沉降仪的研制及应用 [J]. 康永丰, 译. 中国港湾建设, 1983 (4): 55-58.

[31]　杨婧. 路基沉降全方位监测方法与技术的研究 [D]. 北京: 北京交通大学, 2014.

[32]　顾永明, 陈树联, 王伟文. 面板堆石坝坝体沉降监测方法技术总结 [J]. 西北水电,

2011 (1)：67-70.

[33] 贺爱军，张利军，王彦华，等．堆石坝坝体沉降监测方法的对比分析 [J]．大坝与安全，2015 (2)：47-52.

[34] 李泽崇．水管式沉降仪主要故障及排除故障尝试 [J]．岩土力学，2006，27 (S2)：697-700.

[35] 韩建东，张深．糯扎渡水电站水管式沉降仪安装试验研究 [J]．水力发电，2012，38 (9)：96-97.

[36] 邵灿辉，倪维东，施海莹．新一代水管式沉降仪控制模块的研制 [J]．自动化与仪表，2011 (10)：69-71.

[37] 张龙．水管式沉降仪产品优化研究 [J]．水电自动化与大坝监测，2015，39 (1)：23-26.

[38] 陈德福，聂磊．液体静力水准仪及其应用 [M]．北京：地震出版社，2008.

[39] 陈继华．温度不均匀对液体静力水准仪精度的影响 [J]．工程勘察，2000 (1)：54-55.

[40] 何晓业，黄开席，陈森玉，等．压力和温度对静力水准系统精度影响分析 [J]．核技术，2006，29 (5)：321-325.

[41] 蔡立艮，周春华，戎晓力，等．一种基于无线传感网络的电容式静力水准仪研制 [J]．自动化与仪表，2014，29 (12)：18-21.

[42] REINERT E T，LEMKE J，STEWART J P，et al. Remote monitoring of a model levee constructed on soft peaty organic soil [C]//American Society of Civil Engineers Geo-Congress 2013，San Diego，California，United States，2013.

[43] XU X B，WEI H Y，ZHAN T L，et al. Monitoring of landfill settlement by means of horizontal inclinometers [J]．Advances in Environmental Geotechnics，2010，549-552.

[44] 田冬成，王万顺，孙建会，等．土石坝内部垂直位移监测技术方法浅析 [C]//土工测试技术实践与发展：第 24 届全国土工测试学术研讨会．郑州：黄河水利出版社，2005：398-403.

[45] 苏军，袁子清，李小军，等．几种尾矿坝位移在线监测技术及其发展方向探讨 [J]．中国矿业，2010，19 (S1)：229-232.

[46] 冯怀平，岳祖润，赵玉成．水平测斜仪在路基沉降测量中的误差处理 [J]．石家庄铁道学院学报，2001，14 (4)：51-54.

[47] 贡保臣，吴毅瑾，沈义生．液压式沉降仪工作原理及改进 [J]．水力发电，2008，34 (12)：58-59.

[48] 贡保臣，刘爱梅，陆声鸿，等．堆石坝内部沉降观测方法浅析 [J]．水利发电，2005，31 (10)：98-100.

[49] 买浩．路基横向剖面变形自动测量方法与实验的研究 [D]．北京：北京交通大学，2012.

[50] 彭立威．钻孔测斜仪数据处理系统的开发与监测成果分析方法研究 [D]．成都：成都理工大学，2011.

[51] 王继华，彭振斌，杜长学，等．浅析测斜仪监测原理和应用 [J]．勘察科学技术，

2005 (2)：55-58.

[52] 李桂平，罗孝兵，曹翊军，等．基于高精度双轴敏感元件研制的二维固定式测斜仪 [J]．西北水电，2011 (S1)：136-138.

[53] 刘观仕，胡德明，徐光斌．测斜仪在软基路堤施工监测中的应用 [J]．土工基础，2004，18 (2)：57-60.

[54] 黄玉，武立华．二维垂直摆倾斜仪对地倾斜仪的响应 [J]．哈尔滨工程大学学报，2006 (3)：469-473.

[55] 李国维，胡龙生，王润，等．滑动式测斜仪测试与误差处理方法 [J]．河海大学学报（自然科学版），2013，41 (6)：511-517.

[56] 黄飞澜，肖红．测斜仪在高填方地基侧向水平位移监测中的应用 [J]．公路工程，2010 (5)：112-115.

[57] 二滩水电开发有限责任公司．岩土工程安全监测手册 [M]．北京：中国水利水电出版社，1999.

[58] 骆文海．土中应力波及其量测 [M]．北京：中国铁道出版社，1985：121-150.

[59] 刘宝有．土压力传感器国外理论和试验研究概况 [J]．传感器技术，1988 (2)：48-50.

[60] 刘宝有．国内土压力传感器的研制概况 [J]．传感器与微系统，1988 (6)：11-14.

[61] 周伦．新型土压力传感器的研制 [J]．西南交通大学学报，1997，32 (3)：300-307.

[62] 霍家平．土石坝中土压力计埋设技术研究 [J]．大坝观测与土工测试，1993，17 (5)：20-25.

[63] 曾辉，余尚江，陈佳妍．岩土压力传感器静匹配问题的研究进展 [J]．岩土力学，2005，26 (7)：1173-1174.

[64] PEATTIE K R，SPARROW R. The fundamental action of earth pressure cells [J]. Journal of the Mechanics and Physics of Solids，1954，2 (3)：141-155.

[65] TORY A，SPARROW R. The influence of diaphragm flexibility on the performance of an earth pressure cell [J]. Journal of Scientific Instruments，1967，44 (9)：781.

[66] AHANGARI K，NOORZAD A. Use of casing and its effect on pressure cells [J]. Mining Science and Technology，2010，20 (3)：384-390.

[67] WACHMAN G S，LABUZ J F. Soil structure interaction of an earth pressure cell [J]. Journal of Geotechnical and Geoenvironmental Engineering，2011，137 (9)：843-845.

[68] TALESNICK M. Measuring soil pressure within a soil mass [J]. Canadian Geotechnical Journal，2013，50 (7)：716-722.

[69] 刘宝有．土压力传感器的标定方法 [J]．传感器技术，1990 (3)：42-45.

[70] 刘宝有．钢弦式传感器及其应用 [M]．北京：中国铁道出版社，1986.

[71] 左元明．土压力盒的标定 [J]．水利水运科学研究，1981 (1)：26-37.

[72] 陈春红，刘素锦，王钊．土压力盒的标定 [J]．中国农村水利水电，2007 (2)：29-32.

[73] 曾辉，余尚江．岩土压力传感器匹配误差的计算 [J]．岩土力学，2001，22 (1)：99-105.

[74] 韦四江，王大顺，郝进海，等．微型土压力盒的标定和修正 [J]．地下空间与工程学

报，2009，5（5）：1003-1006.

[75]　王继成，龚晓南，田效军．考虑土应力历史的土压力计测量修正［J］．湖南大学学报（自然科学版），2014，41（11）：96-102.

[76]　张继文，于永堂，李攀，等．黄土削峁填沟高填方地下水监测与分析［J］．西安建筑科技大学学报（自然科学版），2016，48（4）：477-483.

[77]　中华人民共和国住房和城乡建设部．高填方地基技术规范：GB 51254—2017［S］．北京：中国建筑工业出版社，2017.

[78]　缪海宾，王建国，费晓欧，等．基于孔隙水压力消散的排土场边坡动态稳定性研究［J］．煤炭学报，2017，42（9）：2302-2306.

[79]　刘国，张辉，陈昌彦．孔隙水压力观测在京津二通道道路监测应用研究［J］．工程勘察，2011（S1）：188-191.

[80]　陈立宏，陈祖煜，张进平，等．小浪底大坝心墙中高孔隙水压力的研究［J］．水利学报，2005，36（2）：219-223.

[81]　陈继平，曹林曦，刘明华，等．砾石土心墙堆石坝施工期孔隙水压力分析［J］．岩土力学，2008，29（S1）176-180.

[82]　郑俊，邓建辉，杨晓娟，等．瀑布沟堆石坝砾石土心墙施工期孔隙水压力特征与分析［J］．岩石力学与工程学报，2011，30（4）：709-717.

[83]　刘欢迎，周克明．孔隙水压力计的几种不同埋设方法［J］．人民珠江，2004（3）：63-68.

[84]　孙永山，洪海，贾国峰，等．孔隙水压力观测技术［J］．黑龙江交通科技，2000（5）：28-29.

[85]　孙汝建．压阻式孔隙水压力计性能试验研究［J］．岩土工程学报，2002，24（6）：796-798.

[86]　娄炎，何宁．地基处理监测技术［M］．北京：中国建筑工业出版社，2015：200-203.

[87]　吴世勇，陈建康，邓建辉．水电工程安全监测与管理［M］．北京：中国水利水电出版社，2009：100-106.

[88]　张功新，莫海鸿，董志良．孔隙水压力测试和分析中存在的问题及对策［J］岩石力学与工程学报，2006，25（S2）：3535-3538.

[89]　娄炎，何宁．地基处理监测技术［M］．北京：中国建筑工业出版社，2015：195-264.

[90]　张功新，莫海鸿，董志良．孔隙水压力测试和分析中存在的问题及对策［J］．岩石力学与工程学报，2006，25（S2）：3535-3538.

[91]　付贵海，魏丽敏，王永和，等．深厚软土地区孔隙水压力计埋设技术研究［J］．铁道建筑，2010（11）：72-75.

[92]　赵秀绍，孙瑞民，杨凤灵．孔隙水压力计埋设过程中的问题研究［J］．金属矿山，2007，1（6）：3535-3538.

[93]　中国工程建设标准化协会．孔隙水压力测试规程：CECS 55：93［S］．北京：中国工程建设标准化协会，1993.

[94]　郑颖人，陆新，李学志，等．强夯加固软黏土地基的理论与工艺研究［J］．岩土工程

学报，2000，22（1）：18-22.

［95］ 朱建才，温晓贵，龚晓南．真空排水预压加固软基中的孔隙水压力消散规律［J］．水利学报，2004（8）：123-128.

［96］ 朱向荣，李振，王金昌．舟山国家石油储备基地堆载预压加固效果分析［J］．岩土力学，2008，29（4）：881-886.

［97］ 朱向荣，何耀辉，徐崇峰，等．饱和软土单桩沉桩超静孔隙水压力分析［J］．岩石力学与工程学报，2005，24（S2）：5740-5744.

［98］ 姚永熙．地下水监测方法和仪器概述［J］．水利水文自动化，2010（1）：6-13.

［99］ 周仰效，李文鹏．区域地下水位监测网优化设计方法［J］．水文地质工程地质，2007（1）：1-9.

［100］ 蔡甫款．明渠流量测量的关键技术研究［D］．杭州：浙江大学，2006.

［101］ 张留柱，赵志贡，张法中．水文测验学［M］．郑州：黄河水利出版社，2003.

［102］ 黄学彬．明渠流量测量和全自动明渠流量计［J］．云南民族学院学报（自然科学版），1994，3（2）：44-50.

［103］ BITTELLI M. Measuring soil water content：A Review［J］．Horttechnology，2011，21（3）：293-300.

［104］ HAIN C R，CROW W T，MECIKALSKI J R，et al. An intercomparison of available soil moisture estimates from thermal infrared and passive microwave remote sensing and land surface modeling［J］．Journal of Geophysical Research Atmospheres，2011，116（D15）：100-118.

［105］ MORTL A，MUOZ-CARPENA R，KAPLAN D，et al. Calibration of a combined dielectric probe for soil moisture and porewater salinity measurement in organic and mineral coastal wetland soils［J］．Geoderma，2011，161（1-2）：50-62.

［106］ 王一鸣．基于介电法的土壤水分测量技术［C］//中国农业工程学会 2007 年学术年会论文汇编，北京，2007：1-5.

［107］ 张益，马友华，江朝晖，等．土壤水分快速测量传感器研究及应用进展［J］．中国农学通报，2014，30（5）：170-174.

第 2 章　黄土高填方工程特点与监测设计

2.1　概述

我国西部黄土丘陵沟壑区近年来为开发城市建设用地、机场建设用地和工业建设用地等而实施了大量高填方工程，这些工程具有地质条件复杂、挖填量巨大、短期内填筑、外边坡陡峭、特殊土分布和沉降变形控制要求高等特点，涉及很多前所未有的工程技术难题，工程上采取了包括设置地下盲沟排水、原地基强夯处理、填筑体压（夯）实处理和挖填边坡防护处理等系列工程措施。这些工程措施的实际应用效果如何，需要依靠现场监测数据来评价，只有选取合理的监测指标和建立科学的监测系统，才能为黄土高填方工程的变形与稳定性分析、评价和预测等提供全面、准确和可靠的资料。本章首先总结分析了黄土高填方工程特点及其所面临的主要工程技术难题，列举了黄土高填方工程的主要工程灾害，明确了黄土高填方工程的监测对象和监测需求，提出了适合黄土高填方工程的监测指标，最后给出了黄土高填方工程监测设计方法。

2.2　黄土高填方工程的特点

2.2.1　工程主要特点

近年来，我国开展了延安新区、延安南泥湾机场和吕梁机场等大型黄土高填方工程。这些工程在地形地貌、地质构造、岩土类型和施工方法等方面均有相似之处，典型黄土高填方工程的现场照片如图 2.1 所示，总结起来具有以下特点：

（1）场区地形地貌复杂，地势起伏大，跨越地质单元多。

（2）梁峁区广泛分布深厚湿陷性黄土层，土方填筑施工后，在地表水下渗和地下水上升情况下，土中水分可能发生突变，若处理不当容易引发较大湿陷变形。

（3）冲沟区底部常存在大量冲洪积、淤积土层，其中淤积土的结构松散，压缩性高，工程性质与淤泥质土类似，是工程区域内的主要软弱土层。

（4）场区内存在古滑坡体、小型崩塌和黄土陷穴等不良地质体。

（5）场区内地下水环境复杂，地下水赋存条件多样，常有泉水出露，水文地质条件复杂。

（6）填筑体填料主要来源于黄土层，多具有湿陷性。

（7）深挖高填，挖填交错，填方厚度变化显著。

（8）场地范围大，土石方量巨大。

（9）挖填造地完成后，土地使用类型多样，对工后沉降和不均匀沉降有严格的要求，但由于填方高、荷载大，原地基和填筑体自身的沉降均较大并且具有时效性，沉降控制难度大。

（10）造地后的场区周边形成大量高陡边坡，在地下水位变动和降水入渗影响下，可能存在局部滑动或整体滑动。

(a) 造地前

(b) 造地后

图 2.1　典型黄土高填方工程的现场照片

2.2.2 工程难点问题

黄土高填方工程特殊的地形地貌、地质构造、水文条件和岩土性质，使其在建设过程面临以下主要工程技术难题：

（1）高填方地基变形问题：依托工程填方厚度大、自重荷载大，使原地基体和填筑体产生较大的沉降变形，加上湿陷性黄土、坡积土、填土和淤积土分布，沉降控制难度极大。此外，由于沟谷深切、地形陡峻，在较短的水平距离内填方厚度变化很大，容易产生较大的差异沉降。因此，在掌握黄土高填方场地的沉降变形规律和影响因素的基础上，采取有效而又经济的工程措施，减少沉降与不均匀沉降，控制工后剩余沉降，是依托工程面临的核心技术难题之一。

（2）高边坡稳定性与防护问题：在工程场地周边形成了大量黄土高边坡，一些边坡的高度达几十米甚至上百米。这些高边坡主要位于各填方区域的沟口位置，对填方区起到"锁口"的作用，但由于边坡底部基岩面顺沟倾斜，对边坡稳定性极为不利，在降水入渗、水位变动影响下，边坡土体的力学性能将产生劣化，在施工期和工后服役期间极有可能发生失稳，一旦边坡出现失稳破坏，不但会造成大量的新建土地损失，还会对下游基础设施和人民财产造成威胁。

（3）工程地质条件问题：工程的土方规模大、场地平整范围宽、地形地貌条件复杂多变，湿陷性黄土层的工程性质独特，岩土工程设计、施工前需要获得准确的工程地质、水文地质资料并做出准确的环境评价。

（4）土方平衡设计问题：大面积黄土高填方场地进行土方平衡时，需要综合考虑施工可行性、各种填料的填挖比、原地基面强夯沉降、原地基和填筑体的施工期及工后沉降、填方区为补偿工后沉降采取的超填等具有高填方工程特色的诸多影响因素，使得土方平衡设计面临较大难度。

（5）地下水疏排问题：挖填造地工程实施后，地形地貌改变将引起地下水补、径、排条件发生变化，有可能抬高局部地下水排泄基准面，造成场地水位变化，并由此引起高填方工程的一系列变形与稳定性问题。

（6）原地基处理问题：场地内普遍分布有深厚湿陷性黄土，部分冲沟区域分布有坡积土、淤积土，必须对原地基进行有效处理，否则高填方工程建成后，沉降变形长期无法稳定，将对后期地基处理造成巨大困难及投资浪费。

（7）填筑体处理问题：若填筑体中湿陷性黄土填料的湿陷性未消除，受地下水位变动、地表水入渗影响，填土浸湿后仍会发生显著的附加沉降，将成为高填方场地的重大安全隐患，必须采取适当的工程措施予以处理。

（8）施工质量监控问题：大面积高填方工程建设工期往往很紧，施工工作面广，各类施工机械众多，施工组织非常复杂，工程质量的监控难度很大，需要对土方工程质量及影响工程质量的因素及时采取合理监控措施，确保施工单位按照工艺标准进行施工，保证施工质量。

2.2.3　工程常见灾害

（1）黄土高填方地基灾害及实例

黄土高填方场地由于原始地形地貌与地质条件复杂，湿陷性黄土、淤积软土等分布广，填土厚度大，压实质量不易控制，在降水入渗、水位变动等恶劣环境影响下，高填方地基的沉降与不均匀沉降、浸水软化和湿陷变形等工程灾害。例如，延安市某经济适用房项目是延安市早期实施挖填造地规模较大的项目，最高挖方 68m，最厚填方 28m，虽然在施工过程中采用了分层碾压和强夯等地基处理措施，但由于缺乏这方面的科学管控经验，也没有以往黄土高填方工程的成功经验可供借鉴，导致未能完全消除地基的沉降和不均匀沉降。此外，平整土地回填施工改变、破坏了原沟内排水系统，造成地下水位升高，进一步引起了地基变形，在地基基础设计时又未考虑黄土高填方地基的特殊性，仍旧按常规方法进行了设计，未采取抵抗不均匀沉降的结构措施，最终在 2008 年建成后，12 栋楼房基础陆续出现了不均匀沉降，楼房上部结构出现开裂破坏（图 2.2）。又如，延安市桥沟镇某小区二期位于桥沟镇十里铺村，占地面积 5 万 m^2，总建筑面积 3.5 万 m^2，2005 年 5 月动工建设，2007 年建设完工后，在 18 栋楼 266 套房中有 218 套出现了房屋开裂破坏，其原因是部分区域建筑地基为填方地基，填方地基的处理效果不佳，地下水排水不畅，致使回填土地基软化变形和湿陷。

图 2.2　黄土高填方地基变形引起的建筑破坏实例

（2）黄土挖填高边坡灾害及实例

黄土挖填高边坡在暴雨、持续降水中水位升高、地表水下渗等因素作用下，坡体强度明显弱化，极易形成层间软弱带，诱发一些大型黄土边坡在三趾马红黏土层顶部产生滑动。此外，边坡开挖坡脚、施工振动等改变了边坡原本脆弱的平衡条件，出现了边坡滑塌、失稳等工程灾害，严重威胁场地安全与稳定。例如，延安某煤油气综合利用项目场平工程是为开发工业建设用地而实施的高填方工程，该工程西区边坡为挖方高边坡，边坡开挖完后在边坡转角位置发生了大面积滑坡事故（图 2.3），滑坡长度约 140m，高度约 24m，滑坡厚度 3.0～12.0m，滑坡总体积约为 4 万 m^3，滑坡区域外分布有多条裂缝，主要裂缝宽度达 1～3cm。通过现场踏勘调查发现，土方回填施工和边坡开挖，破坏了原有的排水通道，坡脚土岩结合面存在多处泉眼和渗水带，排水通道受阻，积水浸泡坡脚，使土体变软、抗剪强度下降，水位升高产生坡面渗流，边坡受到的下滑力增大，在上述综合因素作用下最终导致了滑坡事故的发生[1]。

图 2.3　黄土挖方高边坡滑坡灾害实例[1]

2.3　黄土高填方工程的监测要素

2.3.1　主要监测对象

黄土高填方工程可分为"半挖半填"、"挖填交错"和"不挖仅填"等主要类型，典型黄土高填方场地的地质剖面示意图如图 2.4 所示。黄土高填方场地由高填方地基和高填方边坡两部分组成，是包含"三面"（原地基表面、填筑体表面和挖填边坡面）、"二体"（原地基体和填筑体）和"一水"（包括地下水和地表水）的特殊地质体。因此，黄土高填方工程的监测对象主要包括高填方地基（原地基体、填筑体）和高填方边坡（挖方边坡、填方边坡）。

黄土高填方地基受原始沟谷地形影响显著，原地基的厚度差异较大，沟谷中部的填土厚度大，由沟谷底部向斜坡方向逐渐变薄，这种特殊结构必然导致沉降与不均匀沉降的发生。黄土填方边坡经防护设计后，在高填方场区周边的沟口位置起到"锁口、束腰、固脚"作用，黄土挖方边坡主要位于沟谷填方区上游和两侧挖方区毗邻山体，是削坡形成，一旦出现滑坡事故，前者会造成高

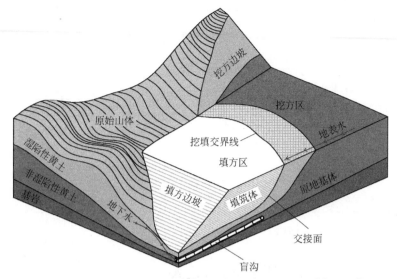

图 2.4　典型黄土高填方场地的地质剖面示意图[2]

填方地基局部滑塌，严重时甚至会出现整体失稳，后者会直接影响高填方地基上部建（构）筑物安全，导致开裂破坏甚至无法继续使用。因此，黄土高填方工程监测需要准确掌握黄土高填方地基的变形和挖填高边坡的稳定性。

2.3.2　主要监测项目

　　黄土高填方工程在选择监测项目时，必须结合黄土高填方工程实际特点，明确重点监测指标，选择合理监测项目。黄土高填方工程的主要监测项目如表 2.1 所示，主要包括变形、应力和地下水等监测指标。为全面了解黄土高填方工程的变形与稳定状态，则需采取效应量与原因量相结合的监测方式。

黄土高填方工程的主要监测项目　　　　　　　　　　　　　　表 2.1

监测指标	监测项目	主要监测对象	监测目的
变形	内部沉降	填筑体、原地基体	监测原地基及填筑体分层沉降，了解不同深度的沉降变形过程及沉降趋势
	地表沉降	填筑体	监测工后地表沉降和差异沉降，为预测工后沉降量和稳定时间等提供依据
	内部水平位移	边坡	监测内部水平位移，确定薄弱层、滑带位置，判断不同深度处的变形发展趋势等
	地表水平位移	边坡	监测表面水平位移方向、位移量，是判断边坡总体变形稳定状态的重要依据
	裂缝	填筑体、边坡	巡查、探测并监测裂缝情况，掌握裂缝变化规律，分析成因和危害，以便采取应对措施

续表

监测指标	监测项目	主要监测对象	监测目的
应力	土压力	填筑体	监测土压力的大小、分布及其变化情况，辅助分析填筑体的变形性状成因机制
	孔隙水压力	填筑体、原地基体	监测孔隙水压力的增长与消散过程，了解高填方地基固结状况、抗滑稳定和渗透稳定
地下水	水位	高填方地基、边坡	监测地下水位，了解地下水疏排情况，分析地下水位变化与降水关系，判断盲沟排水效果
	水流量	盲沟	监测盲沟排水量，了解地下水疏排情况，分析水流量与降水关系，判断盲沟排水效果
	含水率	填筑体、原地基体、边坡	监测土中地表水入渗、水分迁移情况，掌握分析水分变化与大气降水、蒸发的关系
其他	降水量	工程场区	监测降水（雪）量，辅助含水率迁移和地下水监测数据分析，辅助边坡安全预警
	蒸发量	工程场区	结合降水量、气温数据分析黄土中的水分迁移规律等
	气温	工程场区	结合降水量、蒸发量数据分析黄土中的水分迁移规律等
	地温	工程场区	获取土层冻结深度和周期性冻结温度，确定地表沉降标埋深，判断冬期停工、开工时间等

（1）变形监测指标

1）地表变形监测指标：包括地表沉降和地表水平位移。变形又分为绝对变形和相对变形两类，其中绝对变形监测主要是监测地表的位移方向、位移量，相对变形监测主要是监测地面重点变形部位裂缝等点与点之间的相对变形量，包括张开、闭合、错动、抬升和下沉等。

2）内部变形监测指标：包括内部沉降和内部水平位移，监测数据能直接反映高填方体内部土层变形特征，确定薄弱层、滑带位置等，是判断高填方内部不同土层深度处变形发展规律和趋势的重要依据。

（2）应力监测指标

应力监测指标包括高填方填筑体与原地基体内的孔隙水压力、填筑体内的土压力，边坡支挡结构的内力等，这些物理量不能直接反映变形量，但能反映变形强度变化，可配合其他监测资料，分析变形动态变化过程。

（3）地下水监测指标

地下水监测指标包括，①地下水位：主沟与支沟沿线、主次支盲沟的交汇处、泉眼出露处的地下水位，此外，还包括与高填方工程有关的河、湖水位等；②盲沟水流量：盲沟总出水口处的水流量和浑浊度（泥沙含量）；③土体含水率：高填方地基和挖填边坡内的土体含水率等。

（4）其他监测指标

我国滑坡的统计结果显示，降水诱发的滑坡约占滑坡总数的 65％以上，降水与滑坡的关系在国内外大量滑坡研究中得到重视，降水量有时成为预警的直接指标[3]。为此，在黄土高填方工程的安全监测中降水量是重要的监测指标，同时监测蒸发量、气温和地温等气象环境指标。

2.4　黄土高填方工程的监测设计

2.4.1　监测设计原则

在黄土高填方场地上开展工程建设的主要技术风险有两方面：一是黄土的湿陷性及与其相关的地下水稳定；二是填方区的稳定性及其对建筑物的安全性影响。为了对上述技术风险准确把控，监测系统的设计应做到先进性、可靠性、及时性、实用性和经济性的综合目标，要能体现国内外高填方工程经验和现代化要求，做到技术方案合理、基本资料翔实、指标选择正确，并做到不缺项、不漏项，系统完善、可靠。为满足以上目标和要求，监测系统的设计应遵循以下基本原则：

（1）突出重点，兼顾全局。基于现有资料和理论分析，确定关键部位和敏感部位，采取全面监测和重点监测相结合、地表监测和地下监测相结合。

（2）全程监测，分步实施。施工期与土方填筑施工同步埋设监测元件开展监测工作，工后期设置地表监测点，实现施工期和工后期的无缝衔接。

（3）集中布设，相互校验。设置关键监测点采取效应量监测与原因量监测相结合，监测点集中布设，以便在资料分析和解释时相互印证。

（4）性能可靠，技术先进。监测仪器采取机械式与传感器监测相结合，人工与自动化监测相结合，建立多种方法、多种仪器和多层次的监测系统。

2.4.2　监测环节与阶段

（1）监测环节

黄土高填方监测包括监测设计、监测施工、数据采集、监测资料整理与分析、变形与稳定性评价等主要环节，其中监测设计是监测数据能够全面、准确反映监测对象状态的基础；监测施工是监测数据真实性与完整性的保证；监测数据采集包括人工采集、自动采集和巡查检查等手段，是监测数据及时获取的关键环节；监测资料整理与分析包括单参数分析和多参数综合分析，是准确反映对象特征和监测结果展示呈现的关键途径；变形与稳定性评价需要运用各种数学模型和理论进行正、反数学分析，采用定量与定性分析相结合的方法对黄土高填方工程的变形与稳定状态做出综合判断、评估和预报，是监测工作的根本目的。

（2）监测阶段

1）施工阶段监测：监测单位按照设计要求和相关规范规定，进行监测设计，实施仪器设备（含传感器、传输电缆、测读仪表和自动化系统等）的选型、检验、标定、安装、埋设、调试和维护，编写埋设安装记录。结合土方施工进度和工程阶段，固定专人进行施工期监测数据采集，保证监测资料的连续、完整、可靠，及时对监测资料进行初步分析，为优化土方填筑工程施工方案和评价工程安全提供依据。施工期应编写各类监测报告（包括月报、季报、年报和特殊情况报告）。工程竣工验收时应编写竣工监测报告，并将监测设备埋设记录和施工期观测记录以及整理、分析资料等全部成果汇编成正式文件。

2）工后阶段监测：根据工后高填方场地的规划布局和建设计划，制定监测工作计划，明确主要监测技术指标。按设计要求和规范规定，进行监测仪器的安装埋设、常规观测、加密观测及巡视检查等。在各监测点进行监测前，应取得并确定各监测点的基准值（初始值），定时对工程安全状态作出初步评价，为制定和优化方案提供依据。监测工作包括日常监测及特殊情况监测两种，监测过程应定期采集监测数据，并进行巡视检查，及时整理、汇编监测成果并编写报告，有条件时应建立安全监测信息化管理系统，及时分析监测资料，判断工程安全状态。当发现监测资料中的异常现象以及工程可能存在的安全隐患并分析成因，制定相应的处理措施，做好监测系统的维护更新、补充和完善等工作。

2.4.3 监测点布置方法

（1）变形监测点布置

1）内部沉降监测点

内部沉降监测点一般根据黄土高填方工程的规模、地形地貌、地质构造和岩土性质和施工工艺等确定，为总体掌握高填方体的变形特性，应在沟谷上、中、下游处设置横断面，每个横断面处设置 3～5 个监测点，每个监测点处不同深度测点的垂直间距根据填土厚度、填料特性及施工方法而定，一般测点的垂直间距设置为 2～10m，其中原地基顶面、基岩顶面、填筑体顶面（最上部测点应考虑冻结深度的影响，应低于标准冻结深度 0.5m）应设置监测点，有条件的情况下还可在原地基不同土层的分界面处布置测点。

2）地表沉降监测点

传统方格网式的监测点布设方式难以全面反映黄土高填方场地的原始地形起伏变化、填土厚度变化和地基土性质差异等引起的沉降特征。为此，监测点的布置采取先顺原沟谷走向设置主测线和原沟谷横断面方向设置次测线，然后在主、次测线两侧外延布置监测点作为补充，各监测点相互结合形成地表沉降监测网，主、次测线上相邻测点间距可取 50～100m，在地形变化大、地基土均匀性差、谷底分布有软弱土和填挖交界过渡区域加密至 20～50m。沉降基准网采取从整体到局部，分级布网、分区控制。基准点布设在变形区之外的稳定区域；监测点布设在变形区域内，以填方区一侧为主，挖方区一侧为辅；工作基准点设置在基准点和监测点之间。

3）内部水平位移监测点

内部水平位移与内部沉降监测点宜结合布置。为获取黄土高填方沟谷两侧向沟谷中部的水平位移，水平位移监测点（孔）可沿沟谷横断面布设，每个横断面处宜设置 3～5 个监测点（孔），相邻监测点（孔）的水平间距宜为 20～50m，当原始地形变化大时应加密。黄土挖填高边坡的监测断面视地质条件、潜在滑坡位置、边坡规模等确定，沿主滑动方向及可能的滑动面选取典型剖面线设置监测纵断面，相邻监测纵断面的水平间距不应大于 200m。每个监测点（孔）的监测深度应依据潜在滑移面的位置确定。当采用滑动式测斜仪进行人工观测时，测点的竖向间距宜为 0.5m 或 1.0m；当采用固定式测斜仪进行自动化监测时，同一监测点（孔）内布设不宜少于 3 个测点，测点的垂直间距不宜大于 5m，边坡潜在滑面以下至少设置 1 个测点。

4）地表水平位移监测点

地表水平位移及地表沉降监测宜共用一个测点。水平位移监测点应根据边坡的实际地形地貌、地质条件、变形情况、施工进度、作业方法、规模范围和潜在破坏模式等因素综合考虑。首先沿边坡潜在主滑方向及滑动面范围布设测线，然后按测线布置相应的测点。测线的水平间距不大于 100m，垂直间距不大于 50m。监测点应在关键部位（如可能形成滑动带处、崩塌体处等重点部位）应加密，监测基准点设置在稳定区域处，基准点数量不应少于 3 个。当采用全站仪自由设站法进行二维或三维变形测量时，现行不同规范[4-6] 的相关规定略有差别，总体来说一般设站点应至少与 4 个基准点或工作基点通视，且该部分基准点或工作基点的平面分布范围应大于 90°，至设站点的距离比不超过 1：3，同时宜符合规范[6] 中观测距离长度及观测测回数的有关规定。

5）裂缝监测点

黄土高填方裂缝的巡查工作贯穿整个建设过程，包括施工期和工后期两个阶段。黄土高填方场地填挖交界区域和挖填高边坡等是重点巡查区域。当巡查发现的黄土高填方裂缝满足以下情况中三种及以上时，应布设测点进行缝宽监测：①缝宽大于 1cm；②缝长大于 5m；③缝深大于 2m；④有明显竖向错距；⑤可能产生集中渗流冲刷；⑥可能产生滑动的裂缝。每条裂缝应布设不少于 2 组监测点，监测点布设在裂缝最宽处和裂缝末端，监测装置牢固安装在裂缝两侧的稳定部位。当裂缝的出现和发展对高填方地基或挖填边坡的变形与安全稳定性影响大时，需进一步探测裂缝的深度、宽度及产状。当裂缝深度小于 2m 时，可采取开挖坑槽探法；当深度超过 2m 时，可采用探井结合物探方法。

（2）应力监测点布置

1）土压力监测点

考虑到在沟谷地形中黄土高填方中易产生土拱效应，沿黄土高填方地基沟谷横剖面方向设置监测断面，每一断面宜设置 3～5 组监测点，相邻监测点的水平间距一般取 20～50m，地形复杂或变化较大时间距取小值；每一监测点沿深度方向设置竖向测点，每组监测点应在原地基表面、填筑体内部设置测点，相邻测点的垂直间距为 5～10m，测点间距宜下密上疏。当需要监测挖填高边坡内土压力时，根据边坡地质条件、潜在滑动面位置和渗流场特征，沿主滑动方向及可能的滑动面选取典型剖面线设置监测纵断面，不同监测断面线的水平间距不大于 100m，同一监测断面线上的监测点垂直间距不大于 50m。为便于分析土中应力与沉降变形关系，当土层可能受地下水影响时，在邻近土压力监测点处，宜设置分层沉降和孔隙水压力监测点，各监测仪器之间的距离不宜超过 1m。

2）孔隙水压力监测点

考虑到地下水流向，在黄土高填方地基中的孔隙水压力监测点在平面上主要设置于沟谷中心线附近，沿沟底盲沟走向形成监测纵断面；当沟底较宽且有较厚（厚度超过 3m）淤积土或冲洪积土分布时，可沿沟谷横断面方向在谷底中心和两侧分别布置监测点，形成监测横断面；在深度方向主要设置在原地基饱和土中、地下水位变化可能影响的非饱和土中，测点的垂直间距宜为 2～3m。挖填高边坡中监测点的位置和深度应根据地质情况、潜在滑动面位置、可能发生渗透变形的部位、汇集条件和渗流大小等确定。在可能出现异常渗流的区域设置监测纵断面，每个纵断面不少于 3 个监测点，监测点的垂直间距不大于 50m。为了便于分析孔隙水压力监测数据，在邻近孔隙水压力监测点处，可设置土压力、分层沉降和地下水位监测点。

（3）地下水监测点布置

1）地下水位监测点

根据黄土高填方的原始地形地貌及地下排水盲沟分布特点，在沿沟谷走向设置纵断面和垂直于沟谷走向设置横断面，并以前者为主、后者为辅。监测断面上的监测点优先设置于主盲沟与次盲沟交汇处、泉水集中出露位置、深厚淤积土区和深厚湿陷性黄土区等部位。当需要绘制水位线来反映地下水流场特征时，监测点沿地下盲沟的实际流线的间距不宜超过 200m，每一监测断面上的监测点数量不少于 3 个，为防止水位孔钻探过程对盲沟的破坏，但同时也能反映盲沟附近的水位变化，监测点距离盲沟外缘的距离宜为 2～3m。挖填高边坡监测点根据地质条件、潜在滑动面位置和渗流场特征确定，沿潜在滑动面方向设置监测断面，每个监测断面应在边坡坡顶、中部和坡底布置监测点，数量不少于 3 个，埋深应考虑实际地下水位深度，宜超过基岩面。

2）盲沟水流量监测点

为综合评价地下排水设施的有效性，根据黄土高填方工程沟谷内泉眼、地表水沿地形走向由支盲沟、次盲沟最终汇集到主盲沟，在沟口处排出场区外的实际情况，排水盲沟系统总的水流量监测点设置在主盲沟总出水口位置或下游无客水干扰的位置；当需要了解地下盲沟排水系统中次盲沟或支盲沟的水流量情况，也可在对应盲沟内设置水流量监测点，采用自动化监测手段进行观测，但相应的监测设施不能造成地下排水设施的淤堵。

3）含水率监测点

为了判断地表水入渗、地下水上升对黄土高填方地基变形和黄土高填方边坡稳定性的影响，监测点的设置主要在以下重点部位：黄土高填方地基：挖填交界过渡带（考虑不均匀沉降产生裂缝、落水洞的地表水下渗情况监测）；谷坡挖填交接面上下 5m 的范围内（考虑挖方区、填方区变形不同步形成的优势入渗通道的监测）；填筑体表面下 10m 范围内（考虑地表水下渗、非饱和渗透或水汽迁移的监测）；地下水位面上 10m 的范围（考虑地下水位上升引起的土体含水率变化的监测）。黄土挖填高边坡：填方边坡内的软弱面（考虑部分人工填土堆积于沟谷或斜坡地段）；填方边坡与原地基接触面（考虑填土与原始地面接触面为滑面，填土前未对原始斜坡进行抗滑处理，含水率增大会诱发填土边坡整体滑坡）；挖方边坡的黄土与红黏土接触面（考虑当遇到透水性差的红黏土层时，在其顶部富集，长期作用则可能形成软弱带，诱发黄土滑坡）。

2.5　本章小结

（1）黄土高填方工程既涉及地形地貌、地质条件复杂的原地基体，又涉及填筑厚度变化大、填料性质特殊的填筑体，同时又具有高填方、超大土方量、建设环境复杂、相互影响因素多等特点。建设过程面临着高填方地基变形、高边坡稳定性、土方平衡设计、地下水疏排、原地基处理、填筑体处理和施工质量监控等诸多工程难题。

（2）黄土高填方地基极易出现较大沉降及差异沉降，引起楼体开裂、管道下沉断裂、路基沉陷破坏。黄土挖填边坡因水位升高、地表水下渗等因素作用下，坡体强度弱化，诱发滑坡灾害。因此，欲在时间和空间上对黄土高填方工程的变形与稳定性问题及时发现、准确判断和有效控制，则必须加强高填方施工过程及竣工后的全面、全过程和全生命周期的岩土工程监测。

（3）黄土高填方场地是由"三面"（原地基表面、填筑体表面和挖填边坡面）、"二体"（原地基体和填筑体）和"二水"（包括地下水和地表水）的特殊地质体。因此，黄土高填方监测对象主要包括高填方地基（填筑体、原地基体）和高填方边坡（挖方边坡、填方边坡）。

（4）为全面了解黄土高填方的变形与稳定状态，应对监测对象采取效应量与原因量相结合的多指标综合监测，主要监测指标包括变形、应力、地下水和其他监测指标等，主要监测项目包括内部沉降、地表沉降、内部水平位移、地表水平位移、裂缝、土压力、孔隙水压力、水位、水流量、土体含水率和降水量等。

（5）黄土高填方监测应遵循突出重点、兼顾全局、全程监测、分步实施、集中布设、相互校验、性能可靠和技术先进等基本原则，包括监测设计、监测施工、数据采集、监测资料整理分析、变形与稳定性评价等主要工作环节，包括施工期和工后期两个监测阶段。

（6）黄土高填方监测点的布置应根据监测对象的工程规模、地形地貌、地质条件和施工方法等综合确定，监测点位置应能全面反映监测对象的整体状态；为分析同一部位变形与稳定状态的监测项目宜集中布设，便于相互验证；在地质条件差、原始地形高差变化大及填方厚度大的区域应布设监测点或加密布设监测点，为验证和反馈设计而设置的监测点应布设在最不利位置和监测断面处。

本章参考文献

［1］ 西安长安大学工程设计研究院有限公司 . 延安煤油气资源项目西区 B 边坡坡脚滑塌治理方案设计［Z］. 2015.

［2］ 于永堂，郑建国，张继文，等 . 黄土高填方场地裂缝的发育特征及分布规律［J］. 中国地质灾害与防治学报，2021，32（4）：85-92.

［3］ 周平根 . 滑坡监测的指标体系与技术方法［J］. 地质力学学报，2004，10（1）：19-26.

［4］ 中华人民共和国住房和城乡建设部 . 建筑变形测量规范：JGJ 8—2016［S］. 北京：中国建筑工业出版社，2016.

［5］ 中华人民共和国住房和城乡建设部 . 工程测量标准：GB 50026—2020［S］. 北京：中国计划出版社，2021.

［6］ 中华人民共和国住房和城乡建设部 . 煤炭工业露天矿边坡工程监测规范：GB 51214—2017［S］. 北京：中国计划出版社，2017.

第 3 章　黄土高填方工程变形监测技术

3.1　概述

  黄土高填方工程场地一般跨越多个地貌单元，原始地形起伏大，挖填方量巨大，挖填交错施工，填筑体厚度差异大，原地基土性质不均，上述工程特点使得高填方地基的沉降与差异沉降、边坡稳定性等工程问题尤为突出。在各类监测指标中，变形监测最能直观反映高填方的变形与稳定状态，因为许多地质体出现状态异常，最初都是通过变形监测值出现异常而得到反映的，因此变形监测项目常被列为高填方工程监测的首选项目。为全面获得黄土高填方工程的变形特征，需要考虑变形监测的时空因素，构建包括空中、地面、土体内部三维立体式变形监测系统。本章介绍了黄土高填方工程的内部沉降、地表沉降、内部水平位移、地表水平位移和裂缝监测新方法，监测设备（仪器）的选择、安装埋设和资料整理分析方法等。

3.2　内部沉降监测

3.2.1　深层沉降标法

  传统深层沉降标法是通过钻孔在不同深度处安装沉降标，将地层深部沉降通过沉降板、测杆引至地面，采用光学水准测量方法观测测杆的高程变化，进而获得土体深层沉降。该方法主要用于观测工后沉降，若用于观测施工期沉降，则需要将测杆与护管随着填土厚度的增加而逐步接长，测杆接长时应测量接长前后的高程，然而受施工干扰和安装工艺制约，填土会产生侧向位移，测杆垂直很难做到，施工难度大，保护极为困难，而且测杆接长的高程传递误差以及温度变形会致使监测精度降低。因此，为了获得施工期沉降量并与工后期沉降量接续测量的目的，对传统深层沉降标法进行了改进。

  （1）监测设备及原理

  改进的深层沉降标法主要监测设备包括水准仪、水准尺、深层沉降标和钢板等。该方法的测量原理如图 3.1 所示，土方施工时，将钢板围绕同一监测中心按环形等间距阵列方式，随填土施工预埋至设计平面位置及高程处，同时测量钢板形心坐标及顶面高程初值；施工结束后，根据钢板形心坐标钻探至钢板顶面高程，同时利用钻孔埋设深层沉降标采用光学水准测量方法观测工后沉降。

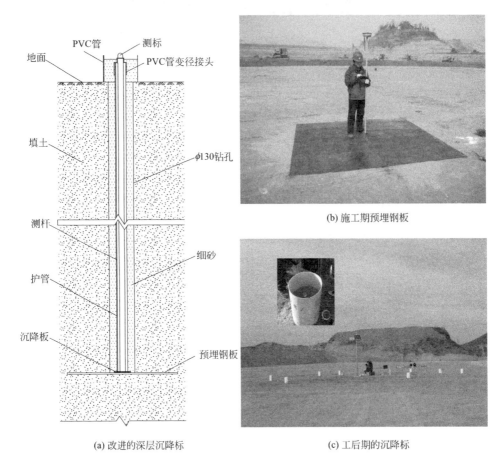

(a) 改进的深层沉降标　　　　　(b) 施工期预埋钢板

(c) 工后期的沉降标

图 3.1　改进的深层沉降标法监测原理及实物

（2）监测设备埋设方法

1）施工期沉降钢板埋设：当填筑施工达到监测高程后，采用刮平机将当前填筑面铲平并用中细砂找平后平铺钢板（钢板直径或边长 $d > 2h\tan\alpha$，h 为设计埋深，α 为允许钻孔倾斜度），并采用 GNSS RTK 测量钢板角点和中心的平面坐标及高程，而后土方正常填筑施工，达到下一监测高程后，埋设下一沉降钢板，如此循环直至全部安装完成。

2）工后期深层沉降标埋设：当土方填筑施工结束后，根据钢板中心坐标定位放点，并钻探至钢板顶面，然后利用该钻孔埋设深层沉降标。深层沉降标的测杆外套聚氯乙烯 PVC 护管，顶端安装圆形测头，出露地面以上 30～50cm，并由

PVC 管变径接头将测杆扶正居中，最外侧设置直径 300mm 的 PVC 管，中间空隙夯填密实，保证测杆稳固。

（3）观测与资料整理

1）施工期沉降测量：当土方填筑施工结束后，根据钢板中心坐标定位放点，并采用钻机钻探至钢板顶面，在孔口处的钻杆上标记测量参照点，采用 GNSS RTK 测量参照点高程 H_c，然后提出钻杆逐段测量参照点以下所有钻具总长度 L_c，计算钢板现高程 H_t（$H_t = H_c - L_c$），钢板现高程 H_t 与初始高程 H_0 之差即为该段时间内监测地层以下地基土的总沉降量。该方法的误差来源包括高程测量误差、杆长测量误差和钻孔倾斜误差等，因此仅适合填土厚度大、变形量大和精度要求不高的工况。

2）工后期沉降测量：深层沉降标安装完毕后，定期采用水准仪、水准尺观测沉降量。

3）根据沉降测量结果，绘制沉降量-深度关系曲线（施工期＋工后期）、沉降量-时间关系曲线（工后期）和沉降速率-时间关系曲线（工后期）。

3.2.2　电磁式沉降仪法

（1）监测设备及原理

电磁式沉降仪法的监测设备包括两部分：一是埋入地下土层部分，由沉降管和沉降磁环（或沉降磁板）等组成；二是地面接收仪器，由测头、测量电缆（带刻度尺）、接收系统和绕线盘等组成。电磁式沉降仪法的监测原理如图 3.2 所示，将沉降管和沉降磁环预先通过钻孔埋入地下待测各深度，当测头感应到沉降磁环时，产生电磁感应信号送至地面仪器显示，同时发出声光警报信号，此时读取沉降管管口标记点处对应的测量电缆刻度值，该值即为沉降磁环的深度，每次测量值与初始测量值相减即得到该测点的累积沉降量。

（2）监测设备安装埋设

为达到获得黄土高填方工程全过程的分层沉降变形数据目的，需要将原地基沉降、填筑体的分层沉降结合起来同时监测。为此，采取在原地基和填筑体内接续安装沉降管和沉降磁环（或磁板），具体埋设方法如下：

1）原地基中埋设方法：埋设时机选择在原地基处理完成后、填筑体施工前，采用钻孔法埋设（图 3.3(a)）。沉降管底端深入中风化基岩内 1.0～1.5m，在基岩面、原地基面及各土层分层处分别安装沉降磁环。为保护沉降管不被上覆填土施工破坏，管口低于现地面 0.5m，埋设完毕后采用 GNSS RTK 测量沉降管管口平面坐标和高程，读取磁环位置初值。

2）填筑体中埋设方法：埋设时机选择在每次土方填筑 3～8m 后，采用探井法埋设（图 3.3(b)）。在现地面处根据上一次埋设的沉降管管口坐标，采用

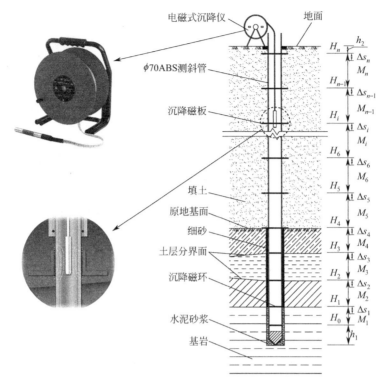

图3.2 电磁式沉降仪法的测试原理示意图

GNSS RTK 放点，在紧邻所放点位旁竖直开挖探井，在探井侧壁上开挖竖直沟槽，在沟槽内将沉降管、沉降磁板安装至探井侧壁上，并采用 U 形管卡将沉降管固定在沟槽中，而后对探井分层回填夯实。

（3）观测与资料整理

在施工期对高填方体的内部沉降观测时，由于填筑体厚度增大，沉降管逐段接高，若采用传统观测方法，每次需采用人工水准测量方法观测管口高程变化；然而，黄土高填方工程施工期场区内挖填交错，常常难找到稳定基准点，需要长距离引测，测量较为困难，一般采用 GNSS RTK 来测量，该方法的测量误差相对较大（高程测量精度是±15mm＋1ppm），此类误差目前暂无法削弱。为此，黄土高填方工程中采用电磁式沉降仪法观测内部沉降时，除采用 GNSS RTK 观测沉降管的管口高程外，通过将沉降管底部设置在原地基中风化基岩内，最下部磁环位于基岩面处，并通过灌注水泥砂浆固定，以提供相对稳定的基准点。根据其他不同深度处测点与基准点相对位移，即可得到基岩面以上各土层的沉降变形。施工期和工后期的电磁式沉降仪法观测现场照片如图3.4所示。施工期将沉降管引至当前填筑面后观测，工后期将沉降管引至设计标高后观测。

(a) 原地基中钻孔埋设

(b) 填筑体中探井埋设

图 3.3　沉降管与磁环埋设现场

(a) 施工期

(b) 工后期

图 3.4　电磁式沉降仪法的观测现场

当首次观测（$t=0$）时，基岩面处的沉降磁环（$i=0$）距沉降管管口深度为 $(k_{0,0进}+k_{0,0回})/2$，第 i 测点处的沉降磁环距沉降管管口的深度为 $(k_{i,0进}+k_{i,0回})/2$；当观测时间为 t 时，基岩面处的沉降磁环距沉降管管口的深度为 $(k_{0,t进}+k_{0,t回})/2$，第 i 测点处的沉降磁环距沉降管管口的深度为 $(k_{i,t进}+k_{i,t回})/2$，此时该深度处相对于基岩面的沉降量为：

$$s_{i,t}=[(k_{i,0进}+k_{i,0回})/2-(k_{0,0进}+k_{0,0回})/2]-[(k_{i,t进}+k_{i,t回})/2-(k_{0,t进}+k_{0,t回})/2]$$

$$(3.1)$$

式中，$s_{i,t}$ 为第 i 测点在时间 t 时相对于基岩面的沉降量（mm）；i 为测点编号（$i=0,1,2,\cdots,n$）；$k_{i,t进}$ 为第 i 测点在时间 t 时的进程读数（mm）；$k_{i,t回}$ 为

第 i 测点在时间 t 时的回程读数（mm）。

3.2.3　串接式位移计法

前述深层沉降标法、电磁式沉降仪法用于高填方内部沉降监测时，尚存在施工期观测精度低、工后无法自动化监测等不足，为此笔者团队研发了串接式位移计法，该方法的监测设备及原理、监测精度测试、监测设备安装埋设等简要介绍如下[1]。

（1）监测设备及原理

串接式位移计法的测量装置主要由电感调频式位移计、位移传递杆、保护套管、沉降板、锚固头和沉降观测标等部件组成，该装置结构如图 3.5 所示。

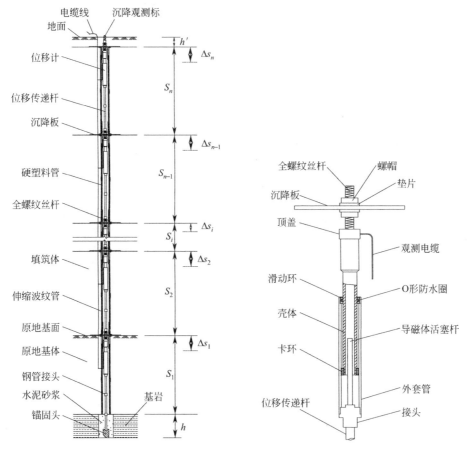

图 3.5　新型监测装置的结构示意图　　　　图 3.6　新型位移计的结构示意图

1）电感调频式位移计：经过对各类位移传感器的结构、量程、精度、稳定性、重复性和耐久性等进行综合比较，选择电感调频式位移传感器作为位移计的测量元件。该传感器是利用电磁感应原理，导磁体活塞杆插入螺管线圈内并可来回移动，线圈的电感量与导磁体活塞杆插入线圈的长度相关，当发生位移时，引起线圈电感量的变化，电感调频电路将线圈电感量变化变换成频率信号，通过位移量与频率之间的关系即可获得不同频率对应的位移量[2]。设计的新型位移计结构如图 3.6 所示。导磁体活塞杆位于外套管中心，与外套管同轴螺纹固定连接，可沿壳体内部自由滑动。壳体内置螺管线圈，可沿外套管内部自由滑动。在位移计的外套管管口处设置有滑动环，滑动环上内嵌 O 形防水圈，可防止泥、水进入管腔内。壳体底端设置有卡环，用于阻止导磁体活塞杆与壳体分离。

2）位移传递杆：采用外径 $D_1 = 26.9$mm、壁厚 $\delta_1 = 2.8$mm 的无缝钢管制作，两端带外螺纹，不同长度的无缝钢管通过接箍连接，接箍上带有与无缝钢管外螺纹丝相配套的内螺纹丝。

3）保护套管：由硬塑料管和伸缩波纹管组成，其中硬塑料管内置于伸缩波纹管，外套于位移计及位移传递杆。硬塑料管采用外径 $D_2 = 50$mm、壁厚 $\delta_2 = 3.7$mm 的 UPVC 管，安装时要求硬塑料管顶端低于沉降板下端的距离大于位移计量程；伸缩波纹管采用内径 $d_1 = 55$mm 的金属波纹管，伸缩波纹管端部延伸至沉降板端部。硬塑料管、伸缩波纹管随位移传递杆接长，同步分段连接。保护套管可将位移计、位移传递杆与周围土体隔离，伸缩波纹管在硬塑料管外部能自由伸缩，可与周围土体同步变形，从而极大降低周围土体对监测装置的干扰和影响。

4）沉降板：采用直径 $D_3 = 25$cm、厚度 $\delta_3 = 8$mm 的圆形钢板制作，中心带有安装孔，孔径略大于全螺纹丝杆，通过全螺纹丝杆、螺帽、垫片与位移计连接到一起，安装过程可通过调整沉降板在全螺纹丝杆上的位置微调沉降板的监测高程。整个测量系统最下部的沉降板设置于原地基面处，用于测量原地基沉降。为防止填土冻胀变形影响，最上部沉降板的埋深 h' 应超过当地最大冻土深度。

5）锚固头：采用直径 $D_4 = 60$mm 的圆钢加工，上部为圆柱，下部为 45° 锥体，锚固头的总高度为 6cm，上端中心带有内丝，与位移传递杆相连。锚固头进入中风化基岩的深度 $h \geqslant 1.0$m，作为基准点（相对不动点）。

6）沉降观测标：采用直径 $D_5 = 25$mm 的圆钢制作，上端加工为半球形的标头，下端带有外螺纹丝，与穿过沉降板的全螺纹杆通过接箍连接。沉降观测标用于在填方竣工后采用水准测量方法观测地表沉降，从而实现了对地表沉降与内部沉降的连续观测，同时也可对内部沉降监测数据进行校核与检验。

串接式位移计法的基本工作原理如图 3.5 所示，将监测对象自下而上分成 n 个监测层，分别表示为 S_1，S_2，…，S_n，当土层在自重荷载的作用下发生沉降变形时，土层将带动沉降板同步下沉，每一监测层的上部沉降板与下部沉降板（原地基中为锚固头）之间的土体产生压缩变形，使二者产生相对位移，位移传递杆将相对位移传递给位移计进行测量。S_1 层用于监测原地基土沉降，其锚固头设置于中风化基岩内作为基准点（相对不动点），沉降板设置在原地基面处，通过位移计测量第 1 个沉降板与锚固头之间的垂直距离变化 Δs_1（即 s_1 层所代表填土厚度范围内的压缩沉降），进而获得 s_1 层所代表的原地基土沉降；$s_2 \sim$ s_n 层用于监测填筑体沉降，沉降板设置于各层顶面处，其中 s_2 层用来监测第 2 个沉降板相对于第 1 个沉降板之间的垂直距离变化量 Δs_2，同理，s_i 层用来监测第 i 个沉降板相对于第 $i-1$ 个沉降板之间的垂直距离变化量 Δs_i。各监测层内的沉降监测装置，随土方填筑施工，分段埋设至高填方内，通过分层测量、逐层累加方法，实现对高填方地基内部沉降的全程监测。根据矢量叠加原理，则各沉降板监测点（各监测层顶面处沉降板埋设位置）相对于基准点（锚固头）的沉降可采用式（3.2）计算。

$$s_j = \sum_{i=1}^{j} \Delta s_i \tag{3.2}$$

式中，s_j 为第 j 个（$j=1$，2，3，$\cdots$，n）沉降板监测点相对于基准点的沉降；Δs_i 为第 i 个监测层的分层沉降（压缩沉降）。

（2）监测精度测试

在串接式位移计法的新装置结构中，保护套管使周围土体对监测装置的干扰和影响很小，因此本次仅对位移计进行标定。位移计量程为 400mm，标定温度与应用场地的地温接近，控制在 15℃±2℃。标定时，标定点间隔相等（取 10mm），共计 41 个标定点，采取正、反行程循环逐点标定，通过数显卡尺（精度 0.01mm）计量位移给定量，由仪表读取位移计输出频率。因数显卡尺精度高于位移计观测精度一个等级，本次将数显卡尺测量值作为位移量"真值"。位移计的典型标定曲线如图 3.7 所示，可见正程与返程数据的变差不大，当测距在 100mm 范围内时，位移观测值与频率值之间线性度较好，但当测距在 400mm 范围内时，位移观测值与频率值之间是明显的非线性关系。因此，为了提高观测精度，可采用分段线性插值方法，根据标定数据表，由公式（3.3）计算位移观测结果。

$$x = x_i + \frac{F - F_i}{F_{i+1} - F_i}(x_{i+1} - x_i) \tag{3.3}$$

式中，x 为观测位移量（mm）；F 为观测频率值（Hz），其中 $F_i \leqslant F \leqslant F_{i+1}$，$0 \leqslant i \leqslant N-1$；$F_i$、$F_{i+1}$ 分别是小于及大于观测频率值 F 的两次标定频率值（Hz）；x_i、x_{i+1} 分别为 F_i、F_{i+1} 对应的标定位移量（mm）；N 为标定点总数。

为评估位移计测量结果的精确度及可信程度，在 0～400mm 范围内，随机给定位移量，并由数显卡尺、位移计分别进行测量，得到 41 组测试数据。若将数显卡尺作为准确值，观测值与数显卡尺读数之差定义为绝对误差，则位移计测量值的绝对误差分布散点图如图 3.8 所示。可知位移计在 0～400mm 范围内的绝对误差均在 ±0.8mm 内。综合传感器性能及试验结果确定的该位移计主要技术指标如表 3.1 所示。

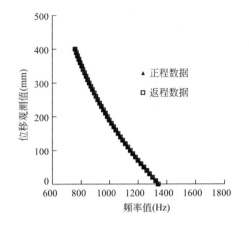

图 3.7　位移计的典型标定曲线

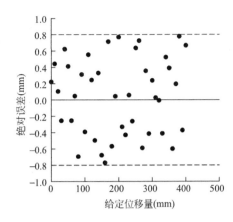

图 3.8　测量值的绝对误差分布散点图

位移计的主要技术指标　　　　　　　　　　　　　　　　　　　　表 3.1

量程(mm)	分辨率(mm)	精确度(mm)	重复性(mm)	耐水压力(MPa)	工作温度(℃)
400	0.1	±0.2% F.S	≤0.1% F.S	≥2.0	−20～80

（3）监测设备安装埋设

监测设备在原地基中的安装埋设方法如图 3.9(a) 所示，主要步骤包括：

①当填土施工至高出原地基面约 0.8m 后，采用直径为 127mm 钻具成孔，钻孔深入中风化基岩内深度不少于 1m。

②在钻孔内安装监测装置时，首先将位移传递杆底端与锚固头连接，硬塑料管、伸缩波纹管由内到外依次套在位移传递杆上，逐节逐段连接下放，到达预定深度后，按压位移传递杆至孔底，使锚固头与基岩接触，然后向孔底回填水泥砂浆，使锚固头与基岩凝固为一体，最后对钻孔逐层回填夯实，当回填至接近原地基面时，围绕钻孔开挖埋设坑至原地基面，依次将位移计与位移传递杆连接，沉降板与位移计连接，并将沉降板安放至原地基面。为便于下次向上续接装置元件，提前在沉降板上部预接位移传递杆和保护套管，预接段高出沉降板约 0.5m，然后采用具有厘米级定位精度的 GNSS RTK 测量沉降板中心坐标及预接的位移传递杆的杆顶坐标，最后在杆顶、管顶外套保护帽，防止泥土进入管腔。

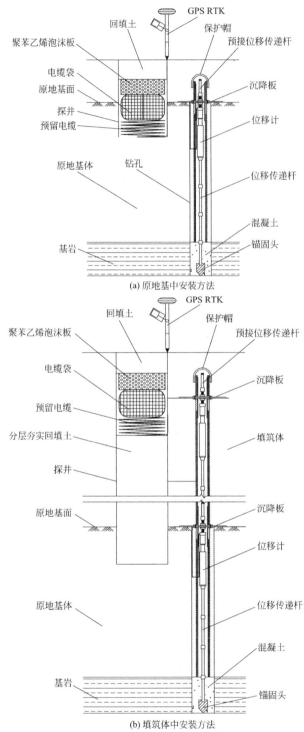

(a) 原地基中安装方法

(b) 填筑体中安装方法

图 3.9 新装置在高填方地基中的安装示意图

③上述工作完成后，在邻近监测点处开挖用于存放及保护电缆的探井，将电缆从位移计侧面引出，读取位移计初始值，然后预留下次续接仪器时向上引线所需电缆长度，呈螺旋状同方向放入探井中，余下电缆装入电缆袋中放置于预留电缆上部，采用 GNSS RTK 测量探井及电缆袋坐标，最后在电缆袋上部放置约 0.2m 厚的聚苯乙烯泡沫板，作为缓冲保护层，其上回填土厚度不少于 0.3m，人工夯实回填至当前填筑地面。

监测设备在填筑体中的安装埋设方法如图 3.9(b) 所示，主要步骤包括：

①开挖探井：当填土施工至超过本次沉降板设计埋设高程约 1.3m 后，根据先前所测的埋线探井坐标，采用 GNSS RTK 定位放样，由机械洛阳铲向下竖直开挖直径 50~60cm 的探井，当距电缆袋上方约 0.3m 后，人工下井挖除余下覆土，找到监测元件，接着将电缆袋从探井中取出并临时放置到当前填筑地面，然后在吊线锥的指引下，在探井侧壁上竖直开挖安装槽和引线槽。

②安装仪器：首先将新接的位移传递杆与先前预接的位移传递杆相连，位移传递杆外套保护套管并采用 U 形卡子固定在安装槽中，接着将探井中电缆集中绑扎成一束，采用 U 形卡子固定到引线槽中；然后将位移计的下端与位移传递杆连接，上端与沉降板连接，调整沉降板至埋设高程后，一同安装至探井侧壁上；最后在沉降板上部再次预接位移传递杆及保护套管（图 3.10）。

③回填探井：采用原土对探井进行分层回填夯实，最后预留一定深度（预留深度根据电缆量而定）不回填，用于存放及保护电缆。

④测读数据：人工读取新埋设的位移计初始值及已安装的位移计观测值。

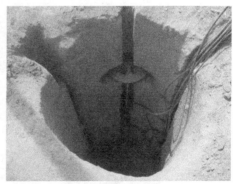

图 3.10　新型位移计的安装现场照片

⑤保护电缆：将电缆集中绑扎成一束，预留下次续接监测装置时向上引线所需长度，接着将预留电缆呈螺旋状同方向放入探井中，余下电缆装入袋中并放置于预留电缆上部，采用 GNSS RTK 测量探井及电缆袋位置坐标，然后在电缆袋上部放置约 0.2m 厚的聚苯乙烯泡沫板，作为缓冲保护层，聚苯乙烯泡沫板上部

用原土回填至当前填筑地面。此后现场可进行正常的土方填筑施工，对其余监测装置采用同样方法埋设，直至填土达到设计标高，完成全部埋设工作。

（4）自动化监测的实现

应用串接式位移计法进行自动化监测时，所采用的自动化监测系统架构示意图见图3.11。采用自动化监测系统接至地面后的监测系统现场照片如图3.12所示。如图所示，监测系统主要由沉降监测装置、数据采集控制模块、无线传输（GPRS）模块、太阳能供电系统和监控中心服务器等组成。当监测高填方地基内部沉降时，首先在高填方地基内布设沉降监测装置，当位移计电缆随填土施工引至地面后，采用RS-485总线串接起来，总线型数据采集控制模块将从位移计采集测量数据，然后通过无线传输模块和互联网（Internet）传输至监控中心服务器，并保存到数据库中。监控中心服务器的监测软件对接收到的数据进行处理，并绘制沉降时程曲线，其他远程终端可登录监控中心服务器查看监测结果。

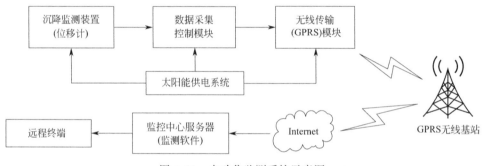

图3.11 自动化监测系统示意图

图3.12 自动化监测站现场照片

（5）测量不确定度及误差分析

1）沉降监测系统的测量不确定度

测量不确定度是根据所用到信息，表征赋予被测量值分散性的非负参数[3]。测量不确定度已被广泛应用于众多学科和技术领域中，作为测量系统可靠性的评价指标，对测量结果与真值接近程度定量估计[4]。测量不确定度愈小，测量结果与被测量的真值愈接近，测量系统可靠性愈高。本沉降监测系统的测量不确定度来源较为复杂，这里仅讨论因位移计性能及串接使用引起的测量不确定度。本沉降监测系统中 n 个监测层所采用的位移计相互独立，第 j 个沉降板监测点处总沉降观测值 s_j 由其下部各监测层所测分层沉降值 Δs_i 累加获得，根据合成标准不确定度的评定方法[3]，得到第 j 个（$j=1,2,3,\cdots,n$）沉降板监测点处总沉降观测值的合成测量不确定度 u_{cj} 为：

$$u_{cj} = \sqrt{\sum_{i=1}^{j} A_i^2 u_i^2} \tag{3.4}$$

式中，u_i 为由计量部门确定的第 i 个监测层中所用位移计的标准不确定度（mm）；A_i 为第 i 个监测层中分层沉降值的分项系数。当式（3.4）中 $A_i=1$，则式（3.4）可简化为：

$$u_{cj} = \sqrt{\sum_{i=1}^{j} u_i^2} \tag{3.5}$$

式（3.5）可用于评定因位移计性能及串接使用引起的第 j 个沉降板监测点总沉降观测值的最大测量不确定度。由式（3.5）可知，沉降监测系统设置的监测层越多，串接的位移计数量越多，系统的测量不确定度越大。

2）环境温度变化引起的测量误差

当环境温度发生变化时，位移计及位移传递杆会因热胀冷缩而产生测量误差。已有研究表明，在季节性冻土地区，浅层地温的变化幅度随深度的增加而减小，超过一定深度后气温变化对地温的影响很小[5-6]。因此，当有地温观测资料时，对气温影响深度以下土层中埋设的监测装置，可不考虑温度影响。当需要考虑温度影响时，可按照文献［7］介绍的方法确定环境温度变化对位移计的影响，并采用式（3.6）计算位移传递杆的温度变形。

$$\Delta L = \alpha(t-t_0)L_0 \tag{3.6}$$

式中，ΔL 为位移传递杆的温度变形（mm）；L_0 为位移传递杆的初始长度

（mm）；α 为位移传递杆的线膨胀系数（$^{\circ}\text{C}^{-1}$）；t 为观测时的温度（$^{\circ}\text{C}$）；t_0 为初始基准温度（$^{\circ}\text{C}$）。例如，若单根位移传递杆长度为 5m，由钢材制成 $\alpha=12\times10^{-6}\,^{\circ}\text{C}^{-1}$，温差 $t-t_0=10^{\circ}\text{C}$，所产生的温度变形 $\Delta L=0.6\text{mm}$。因此，当地温变化较大时，需要结合地温测试，对温度变形进行修正，以增强监测装置在不同环境温度下的适应性，提高监测数据的准确性。

3）仪器倾斜引起的测量误差

在沉降监测系统中，若某一监测层的位移传递杆安装不当，使其轴向与水平面不垂直，则引起测量误差，此时可采用式(3.7)按几何方法进行修正。

$$\Delta z=\Delta s(1-\cos\beta) \tag{3.7}$$

式中，Δz 为位移传递杆倾斜引起的测量误差（mm）；Δs 为监测层的压缩沉降观测值（mm）；β 为倾斜角度，可由 $\beta=x/S$ 进行估算，其中，x 为同一监测层的上部沉降板相对于下部沉降板的水平偏移距离（m）；S 为同一监测层上部沉降板与下部沉降板之间的土层厚度（m）。例如，若某一监测层的沉降观测值为 400mm，设 $x=0.15\text{m}$、$S=5\text{m}$，则 $\beta=0.03$，由仪器倾斜引起的误差 $\Delta z=0.18\text{mm}$。因此，在监测装置埋设时要注意位移传递杆垂直度。

（6）监测效果检验

依托工程的试验场地内的两处试验场地，采用传统的电磁式沉降仪、分层标水准仪法、串接式位移计法进行监测。因篇幅限制，这里仅介绍两组试验的基本情况。两组试验的试验点均位于沟谷填方区的中心区域，试验点处的原地基地层上部为第四系全新统冲洪积层，下部为侏罗纪砂泥岩。填筑体所用填料为全新世上、中更新统风积黄土及残积古土壤，其中黄土以粉土为主，古土壤以粉质黏土为主。第一组试验主要用于测试新装置在较大沉降变形和施工状态变化时的监测效果，新装置与电磁式沉降仪分别设置一条垂直观测线，二者的分层测点高程相同（填筑体内分层测点间距一般约为 5m），水平相距 0.8m，均随土方填筑施工埋设至高填方体内，对比施工期和竣工后的沉降监测数据。第二组试验主要用于测试新装置在较小沉降变形下的监测效果，分层沉降标测点设置在以新装置垂直观测线为中心、半径为 2m 的圆周上，为保证监测结果的准确性，分层沉降标在填方竣工后采取钻孔埋设，采用二等水准测量方法观测，对比竣工后的沉降监测数据。

在同一组试验点的典型监测层处，新装置与传统监测装置沉降观测结果的对比曲线如图 3.13 所示。由图 3.13 可知，在同一组对比试验结果中，各监测层的分层沉降监测值较接近，沉降变化规律基本一致。图 3.13(a) 中，两种监测装置均能够准确反映出填方施工、停工和竣工后的沉降变化特征，但电磁式沉降仪法（E）配套的沉降管及磁环埋设质量不易控制，采用人工观测，受随机干扰

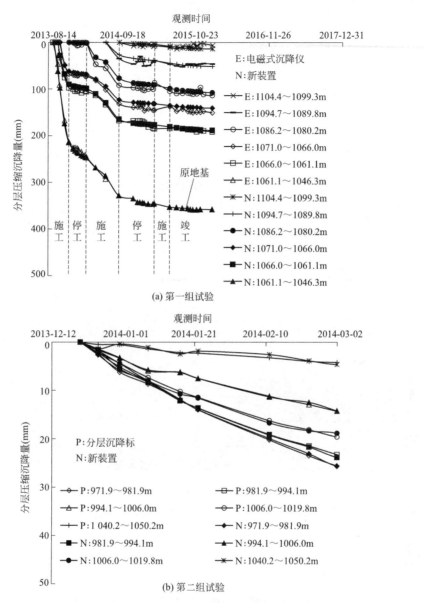

图 3.13　新装置与传统监测装置的沉降观测结果对比

大，沉降曲线中异常数据波动现象明显，且在施工过程下部沉降管在大厚度填土荷载的侧向土压力作用下易被挤扁，导致无法观测原地基的后续沉降数据，而新装置（N）的沉降历时曲线则较为连续平滑，能够承受大厚度填土荷载的土压力作用，获得了原地基和填筑体在施工期及竣工后的全程监测数据，保证了监测数据在时间和空间上的完整性。图 3.13（b）中，分层沉降标采取工后埋设，避免了施工干扰对监测结果的影响，采用精密水准测量，监测结果较为准确，新装置（N）与分层沉降标（P）的监测数据能够相互印证，表明新装置可以准确地监测到高填方地基工后期发生的较小沉降变化。

3.3 地表沉降监测

3.3.1 光学水准测量法

（1）监测设备及原理

光学水准测量法是目前应用最广泛的沉降观测方法，主要监测设备包括观测仪器（水准仪、水准尺、尺垫）和地表沉降标。该方法是利用水准仪提供的水平视线，借助带有分划的水准尺，测量地面上两点间的高差，然后根据已知点高程和测得的高差，推算出未知点高程，光学水准测量法现场照片如图 3.14 所示。

图 3.14　光学水准测量法现场照片

黄土高填方工程的沉降观测精度，除受观测仪器的精度影响外，地表沉降标的结构形式、埋置深度和埋设质量也会影响沉降观测结果。黄土高填方工程主要分布于我国西部季节性冻土地区，在这些地区的地表沉降标易受冻胀、融沉影响。例如陕北某机场黄土高填方工程试验段的地表沉降观测结果如图 3.15 所示。由图可知，地表沉降观测数据在当年 11 月至次年 2 月份间发生冻胀，次年 3～4 月间发生融沉，地表土的冻胀、融沉带动沉降标变形，干扰了沉降观测结果。因此，为避免冻胀、融沉对地表沉降观测结果的影响，需要对传统地表沉降标进行改进，增强抗冻胀、融沉能力。改进后的地表沉降标如图 3.16 所示。如图所示，本次地表沉降标采用现浇＋预制组合式结构形式，上部标体为预制混凝土桩体，下部标体为现浇圆台扩大头，上部标体与孔壁之间缝隙由干细砂填充，地面下 50cm 深度范围内采用黏土（或膨润土）填充密实，防止积雪融化后顺缝隙渗入地下。采用上述地表沉降标结构形式和施工方法的优点是可以提高地表沉降标的质量和安装埋设效率,此外,当冬季地面上环境温度较低时(一般 $t < 5℃$)时,采取孔底浇筑混凝土后插入预制桩的施工方法,可减少混凝土凝固过程受外界低温环境的影响。

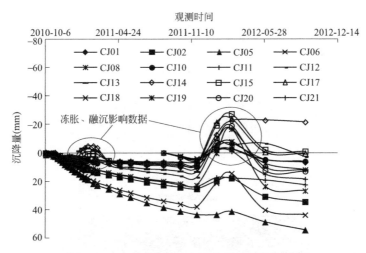

图 3.15　冻胀融沉对地表沉降观测结果的影响

为确定地表沉降标的合理埋设深度,2013 年冬季至 2014 年春季,在工程场地内进行冻融条件下不同埋深地表沉降标的现场试验。试验时围绕直径为 3m 的圆周上,设置了埋深分别为 0.3m、0.5m、0.8m、1.0m、1.2m 和 1.5m 的地表沉降标(沉降标的下部扩大端结构相同,仅上部桩体高度不同),同时在该区域内钻孔埋设温度传感器测试地温变化,判断冻结深度。不同埋深条件下的地表沉降观测结果如图 3.17 所示,对应监测点旁不同埋深的地温测试结果如图 3.18 所示。根据地温测试结果结合现场开挖,试验场地当年冬季冰冻期实测最大冻土层深度约 0.6m,除埋深小于 0.5m 的地表沉降标点外,其余地表沉降标点均未受到冻胀和融沉影响,因此,地表沉降标的埋设深度至少应超过冻结深度。延安新区北区一期黄土高填方工程所在地的最大冻结深度为 79cm,地表沉降标埋深设置为 130cm,超过当地最大冻深 51cm,3 年的现场实际应用结果显示,所测地表沉降数据均未出现因冻胀、融沉引起的异常数据。

(2) 观测与资料整理

1) 监测点观测:根据《工程测量标准》GB 50026—2020[8]、《建筑变形测量规范》JGJ 8—2016[9] 中的技术要求,结合黄土高填方场地实际情况,沉降监测采用优于三等水准技术要求进行测量,每次观测均沿固定线路,联测基准点及各监测点,组成闭合水准线路。

2) 基准网复测:对基准网以二等水准技术要求进行测量,每月定期复测不

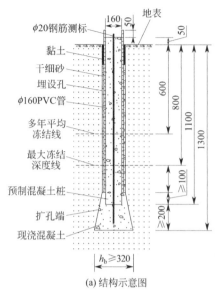

(a) 结构示意图

(b) 实物照片

图 3.16　地表沉降标

少于 1 次,确定基准网的稳定性。

3) 观测周期与频率:在施工期间,短期停工间歇期宜每周测量 2 次,长期停工间歇期(1 个月以上)可以每周测量 1 次;在工后期间,第 1 个月,宜每周观测 1 次;第 2～3 个月,宜每半个月观测 1 次;3 个月后,宜每月观测 1 次;1 年后,宜每 2～3 个月观测 1 次;若监测数据变化较大,可提高监测频率。

4) 沉降观测数据进行平差计算,并给出计算过程表、精度评定表,绘制地表沉降量-时间关系曲线、地表沉降速率-时间关系曲线。当数据量足够多、数据覆盖足够大的区域时,还可绘制地表沉降量等值曲线和沉降速率等值曲线等。

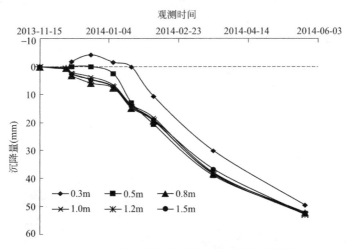

图 3.17 不同埋深条件下的地表沉降观测结果

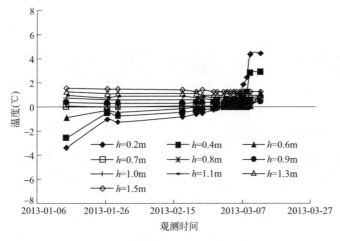

图 3.18 不同埋深处的地温测试结果

3.3.2 北斗卫星定位测量法

当采用光学水准测量法观测地表沉降时，受通视条件和气候条件影响大，尚存在观测不连续、作业周期长和人工测量耗时长等问题，难以满足黄土高填方工程重点区域地表沉降的自动化监测需求，为此，开发了北斗高填方变形监测系统。

（1）监测设备及系统构成

北斗高填方变形监测系统构成如图 3.19 所示，北斗变形监测设备如图 3.20 所示。北斗高填方变形监测系统主要由布置在高填方场地变形监测区域外稳定区域的北斗基准站（参考站）、高填方场地监测区域内的北斗监测站、远程监测中心组成。系统各部分设备组成及功能如下。

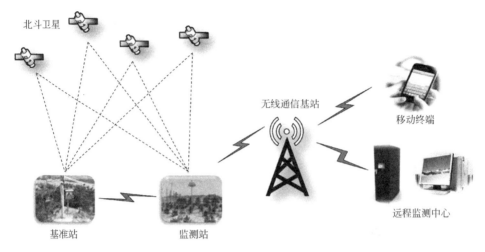

图 3.19　北斗高填方变形监测系统示意图

图 3.20　北斗变形监测设备

1）北斗基准站：设有北斗基准站变形监测设备，主要组成包括北斗板卡、北斗天线、硬件主板、数传电台（发射）、蓄电池、太阳能板、定时开关和避雷针等部件。基准站实现对卫星连续观测，并将数据实时发送到监测站。

2）北斗监测站：设有北斗监测站变形监测设备，主要组成包括北斗板卡、北斗天线、硬件主板、数传电台（接收）、3G/4G 通信模块（DTU）、蓄电池、太阳能板、定时开关和避雷针等部件。监测站输出实时动态差分（RTK）数据和原始数据。

3）远程监测中心：接收监测站的原始数据和实时动态差分（RTK）数据，并对接收到数据进行高精度定位解算。

（2）定位解算方法

目前，对缓变型地面变形采用卫星定位技术监测时，大多采用载波相位静态相对定位方法，在理想情况下可获得较高的定位精度，然而受外部环境和仪器自身条件的限制，往往很多因素会引起定位误差，例如：①卫星载波相位整周跳变引起的误差：由于卫星信号暂时阻挡或受外界干扰，经常会出现卫星跟踪的暂时中断，发生载波相位整周跳变（简称周跳），引起后续一系列载波相位观测值发生错误，从而影响高精度定位结果。②定位数据后处理不当引起的误差：北斗监测终端设备在不同时段接收到的卫星数据质量受卫星几何分布、高空大气误差和卫星历元数量等因素的影响，不同时段的定位结果时好时坏，笼统地采用整个时段所有卫星数据给出一个定位结果，难以获得高精度定位结果。

对上述误差来源若不采取一定措施，则无法得到稳定的高精度定位结果。因此，将北斗系统用于高填方场地地表变形监测时，需要降低定位误差，提高定位稳定性。在设计北斗高填方地表变形监测系统时，集成应用了一系列消除定位误差，提高定位精度及稳定性的方法：首先，采用贯序极限学习机算法，进行载波相位周跳探测与修复，实现对北斗数据的预处理，保证北斗信号质量；然后，采用载波相位静态相对定位方法，给出某一时段的高精度定位结果；最后，采用层次分析法对不同时段的定位结果，采用分时段加权组合定位的后处理方式，进一步降低误差，提高定位精度。静态相对定位方法较为成熟，此处不再赘述，下面简要介绍北斗数据预处理和高精度定位数据后处理的思路。

1）周跳探测与修复：首先对卫星信号载波相位进行高阶差分处理，利用无周跳的载波相位值构成无周跳训练样本集，训练初始贯序极限学习机模型，然后利用模型预测值构造周跳探测统计量，探测与修复周跳[10]，实现对北斗数据预处理。

2）分时段加权组合定位：首先将每天的监测时段划分成若干个子时段，分别计算出各子时段的定位结果，然后根据各个子时段的卫星分布、误差源、卫星历元数，采用层次分析法确定各个定位结果的定位可信度，最后利用定位可信度加权滤波出整个监测时段的最终定位结果[11]。图 3.21 为采用基于层次分析法前后的定位结果对比曲线，由图可知，采用本高精度定位数据后处理方法后，北斗系统的定位精度和稳定性明显得到提高。

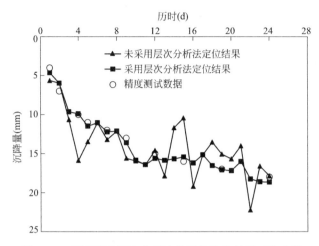

图 3.21 采用基于层次分析法前后的定位结果对比曲线

（3）监测系统软件

针对黄土高填方场地监测需求，设计了北斗高填方变形监测系统服务器软件。该系统软件采用 C/S 架构（即客户机/服务器模式）开发，主要由数据通信、数据存储、数据解算和数据展示等部分组成。

1）数据通信：采用套接字（Socket）通信。监测站设备发送的数据经电信网络空中接口解码并转换成公网数据传送格式，经无线网络传送到指定 IP 地址。服务器与互联网（Internet）连接，并拥有固定 IP 地址即可接收到多个监测站设备的数据。监测站设备既可将数据发送到服务器，也可以接收服务器指令，对系统进行参数配置。

2）数据存储：服务器将接收到的数据实时存储在 MySQL 数据库中，实现记录、查询、修改、删除、报表生成、报表导出和数据备份等功能。数据库中的监测数据表格内容包括监测站位置信息、监测站属性信息和监测数据信息等。系统软件可调用各监测点数据，进行数据查询、计算和展示等。

3）数据解算：首先将观测方程线性化，然后列出误差方程式，求解基准站和监测站之间的基线向量，即对获得的长时间、大量卫星观测数据，通过误差方程迭代计算逐步求精，解算出高精度的基线矢量，从而计算得到高精度定位结果。

4）数据展示：根据黄土高填方场地特点，设计了友好的人机交互界面，给出图形化显示效果，数据表格打印显示，特别是面向高填方监测需求设计出模块化功能，主要包括查看监测点分布、现场实景图，显示变形曲线，获取沉降量、沉降速率等数据，并以曲线和表格形式展示，软件主要界面如图 3.22 所示。

现将数据展示模块实现的主要功能简要介绍如下。

如图 3.22(a) 所示，打开软件系统，首先是监测点全局分布图，点击菜单上的"监测点分布"，即可回到该界面。点击界面上的编号或者界面左侧的监测点即可进入相应的监测点数据图。延安新区北区一期黄土高填方场地内共布设了

（a）监测点分布图

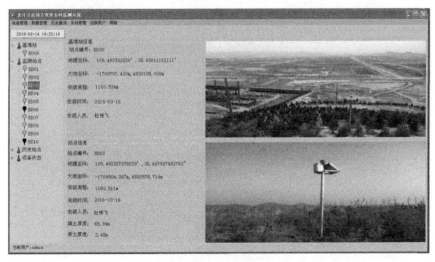

（b）监测点"场景图片"

图 3.22　北斗高填方变形监测系统软件主要功能界面（一）

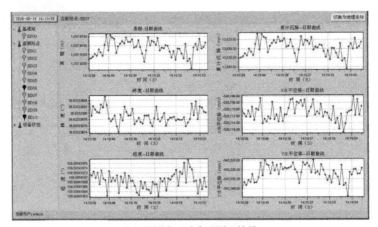

（c）监测点"动态监测"结果

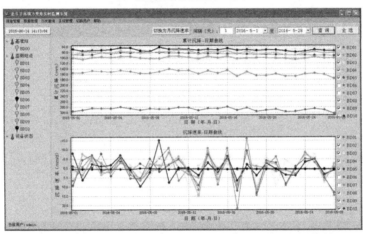

（d）监测点"静态监测"结果

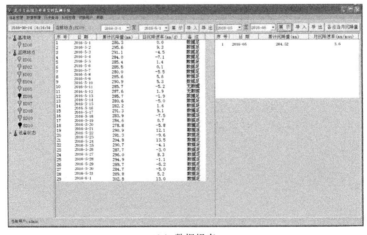

（e）数据报表

图 3.22　北斗高填方变形监测系统软件主要功能界面（二）

1 个基准站和 10 个监测点，每个监测点的工作状态由指示灯提示。如图 3.22（b）所示，在场景图片选项卡中，通过选择左侧的监测点设备，即可查看相应的实地场景。例如，选中 BD03 号监测点，可看到它的现场状况、位置信息、当前状态是否良好。如图 3.22（c）所示，切换到动态（RTK）监测选项卡，可看到监测点的实时动态定位数据，包括经度、纬度、高程，同时可看出数据采集频率和实时观测结果。图 3.22（d）为高精度静态监测选项卡，可以按时间段查询监测点的静态监测数据变化。若不选择时段查询，则默认显示最近一个月的静态监测数据变化曲线。在右侧选项卡中，通过勾选可以查看在某个时段内 10 个监测点的沉降量和沉降速率曲线。如图 3.22（e）显示的是软件的数据报表功能，给出了日位移量、日位移速率以及月位移量和月位移速率。

（4）系统精度测试

为检验北斗高填方变形监测系统的观测效果，自制了一种能精细调整北斗天线位置并准确测量调整位移量的测试装置，该装置主要由基座、升降台、百分表和表架等组成，实物照片如图 3.23 所示。升降台采用蜗轮蜗杆升降原理，可准确地控制调整升降杆的高度，升降杆顶部与托板相连，托板左侧连接螺杆，用于连接北斗天线。百分表量程为 20mm，测量精度为 0.01mm，使用时将百分表固定于表架上，百分表的顶杆顶住托板表面，用于测量北斗天线的高程变化，作为测试基准值。本系统连续观测 6h 卫星数据，基线距离 1.5km，采用本系统定位解算方法后，北斗高填方变形监测系统精度测试结果如图 3.24 所示。实测结果显示，水平位移的绝对误差范围为 0.26～1.45mm，绝对误差的平均值 $\overline{\delta}=1.05$mm，中误差 $\sigma=1.15$mm。垂直位移的绝对误差范围为 0.09～3.89mm，绝对误差的平均值 $\overline{\delta}=1.47$mm，中误差 $\sigma=1.94$mm。

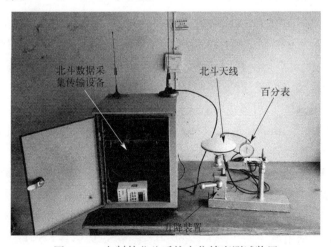

图 3.23　自制的北斗系统定位精度测试装置

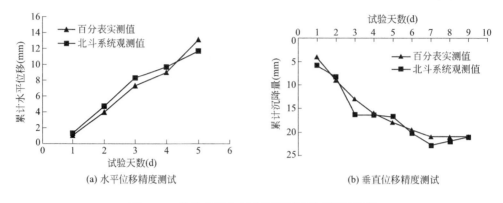

(a) 水平位移精度测试　　　　　　　　　(b) 垂直位移精度测试

图 3.24　北斗高填方变形监测系统精度测试结果

3.3.3　合成孔径雷达干涉测量法

前述光学水准测量法和北斗卫星定位测量法均是对有限监测点的观测，属于"点测法"，优点是单点测量精度较高，缺点是不能提供监测区域的整体地表变形监测信息，为了弥补上述方法的不足，需要寻找一种"面测法"。星载合成孔径雷达干涉测量（Interferometric Synthetic Aperture Radar，InSAR）是一种用于大地测量和遥感的雷达技术，属于典型的"面测法"。将光学水准测量法、北斗卫星定位测量法结合 InSAR 高空间分辨率和连续覆盖的特点，形成点面结合的黄土高填方工程地表变形监测系统，突破了单一监测技术的应用局限性，提高了变形监测数据的观测精度和空间覆盖效果。

（1）测量系统及原理

为了克服阻碍传统 InSAR 测量技术在分辨率、空间及时间上基线限制等问题，引入永久散射体（PS）方法，即 PS-InSAR 测量技术。PS-InSAR 测量系统组成包括，1）星载雷达：利用星载合成孔径雷达（SAR）传感器获取每天至每月重复周期的地球表面雷达图像；2）角反射器：设置在测量区域范围内，作为 InSAR 辅助测量工具，可增强星载雷达反射，作为监测区域在 InSAR 影像中的"地面控制点"；3）InSAR 数据处理软件：对原始 SAR 数据的处理分析，输出数字高程模型（DEM）和地表形变图等。

PS-InSAR 变形测量法是基于研究区多景 SAR 影像，对所有影像的幅度信息进行统计分析，查找并分析不受时间、空间基线相关和大气效应影响，并且能保持高相干性的点作为永久散射体，以此探测研究区地表形变情况，其基本原理[12-15]如下：利用覆盖同一研究区的多景单视 SAR 影像，选取其中一景 SAR 影像作为主影像，其余 SAR 影像分别与主影像配准，依据时间序列上的幅度和相位信息的稳定性选取 PS 目标；经过干涉和去地形处理，得到基于永久散射体目标的差分干涉相位，并对相邻的永久散射体目标的差分干涉相位进行再次差分；根据两次差分后的干涉相位中各个相位成分的不同特性，采用构建形变相位模型和时空滤波方式估计变形和地形残余信息。

（2）观测与数据整理

PS-InSAR 变形测量方法的观测过程和数据整理流程如图 3.25 所示，主要步骤如下：

1）定义工作区，并读入 InSAR 数据集；

2）选取主辅影像，辅影像分别与主影像配准并进行干涉处理，获得干涉图；

3）利用已知 DEM 数据，对干涉图进行差分干涉处理，得到差分干涉图；

4）从配准好的影像中选取永久散射体目标（PS 点）；

5）根据选取的 PS 点和差分干涉图，得到 PS 的差分干涉相位时间序列；

6）根据地面形变情况（一般分为线性形变和非线性形变），建立合理的差分干涉相位计算函数模型；

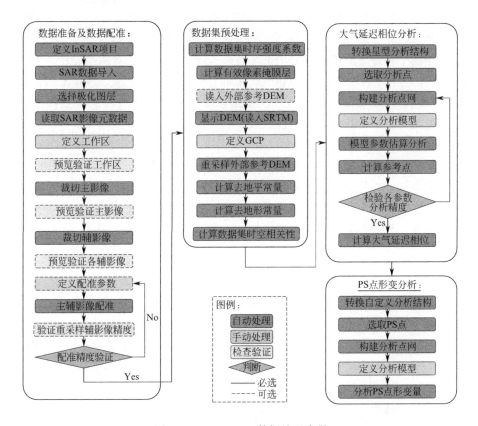

图 3.25　PS-InSAR 数据处理流程

7）根据差分干涉相位函数模型和 PS 的差分干涉相位集，采用相关算法进行处理，得到各 PS 点的线性形变分量、DEM 误差；

8）从原始差分干涉相位中去除 PS 线性形变分量、地平相位分量和 DEM 误差分量得到残留相位，通过时空滤波方法从残留相位中分离大气相位和非线性形变相位获得非线性形变量；

9）将 PS 线性形变分量和非线性形变分量进行叠加，获得完整的形变值。最后，基于监测结果绘制 InSAR 测量点云地表沉降图、地表沉降等值线图等。

3.4 内部水平位移监测

3.4.1 滑动式测斜仪法

（1）监测设备及原理

滑动式测斜仪法的监测设备包括两部分：一是埋入地下土层部分的测斜管；二是测试部分的测斜仪探头、控制电缆和读数仪。测斜管内有 4 条十字形对称分布的凹型导槽，作为测斜仪滑轮上下滑行轨道，导槽对准位移主方向，测试前先在监测土层中埋设。测斜仪探头内部装有加速度计，上下配有两组导轮，可沿着测斜管内的导槽升降和定位；控制电缆为带有标尺的特制电缆，连接测斜仪探头并向其供电，向采集仪传输信号，兼作绳索牵引测斜探头升降；读数仪由显示器、蓄电池和电源变换线路等附件组成。

测斜仪的工作原理如图 3.26 所示。当土层变形时会带动测斜管发生水平变形，通过测斜仪探头测量测斜管轴线与铅垂线之间夹角变化，结合测段长度，可计算不同高程处土层的分段水平位移量。黄土高填方工程内部水平位移监测时，将测斜管底端深入中风化基岩（或稳定地层）内，测斜管底端可以认为是相对不动点，由测斜管底部为起算位置分段累加，即可按式（3.8）计算第 j 量测点处的总偏移量，$j \leqslant n$，n 为量测段的总数量。

$$\delta_j = \sum_{i=1}^{j=i} \Delta_i = \sum_{i=1}^{j=i} L_i \sin\theta_i \qquad (3.8)$$

式中，Δ_i 为第 i 量测段的水平偏移值（mm）；L_i 为第 i 量测段的长度（mm）；θ_i 为第 i 量测段的倾角；δ_j 为第 j 量测段及其下部所有量测段的总偏移量（mm）。

（2）测斜管埋设工艺

1）填充材料研制

测斜管与钻孔壁间的填充材料作为地层水平位移的传递媒介，对其性能的要

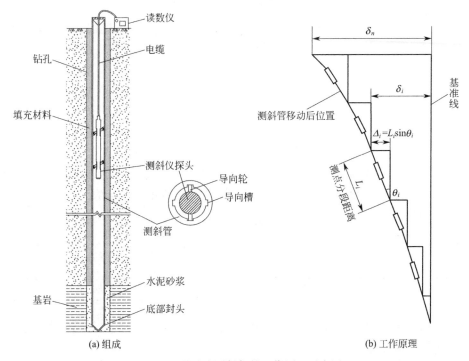

图 3.26　滑动式测斜仪的工作原理示意图

求如下：一是要能保证测斜管与钻孔之间回填密实，使测斜管与周围土体紧密结合成一体，避免因测试过程探头上提或下放引起的测斜管晃动导致测量误差；二是要与周围地层土体有近似的力学性能，使测斜管与监测地层变形协调，保证地层变形通过填充材料传递至测斜管，并及时、准确地反映地层的真实变形。黄土高填方工程监测中测斜孔深度大，钻探过程孔壁带有泥浆，以往采用砂土回填的方式，易堵塞孔壁与测斜管之间空隙，难以保证深孔回填密实，为此，考虑采用水泥-膨润土浆材对测斜孔进行填充。为了保证浆材凝固体与监测地层土体的力学性质相适应，需选定合适的灌浆材料配比。

黄土高填方工程中黄土填料的最优含水率 $w_{opt} = 15.1\%$，最大干密度 $1.90\mathrm{g/cm}^3$，采用击实法制备了压实系数 $\lambda = 0.84$、0.87、0.90、0.93、0.96、1.00 共 6 组试验土样，试样直径为 61.8mm、高为 125mm，试样制备完成后，密封保存 24h 后进行无侧限抗压强度试验，测定试样的抗压强度和弹性模量。试验设备采用应变控制式三轴仪，剪切速率为 1.9mm/min（每分钟应变约 1.5%），试验结果如表 3.2 所示。由表 3.2 可知，当压实系数的控制标准为 $\lambda \geqslant 0.93$ 时，对应压实黄土的弹性模量变化范围为 $E = 16.86 \sim 21.85\mathrm{MPa}$。

压实黄土的单轴抗压强度指标　　　　表 3.2

编号	含水率 $w(\%)$	孔隙比 e	干密度 $\rho_d(g/cm^3)$	压实系数 λ	抗压强度 $P(MPa)$	弹性模量 $E(MPa)$
S1		0.685	1.60	0.84	0.15	10.88
S2		0.627	1.65	0.87	0.18	12.15
S3	15.1	0.573	1.71	0.90	0.24	14.61
S4		0.522	1.77	0.93	0.29	16.86
S5		0.475	1.82	0.96	0.34	18.58
S6		0.415	1.90	1.00	0.41	21.85

　　水泥-膨润土浆材的组分是水、水泥和膨润土。试验用水采用自来水。水泥采用 32.5R 复合硅酸盐水泥，水泥的基本物理力学性能指标如表 3.3 所示。

水泥的基本物理力学性能指标　　　　表 3.3

安定性	细度(%)	凝结时间(min)		抗压强度(MPa)		抗折强度(MPa)	
		初凝	终凝	3d	28d	3d	28d
合格	≤3.0	≥60	≥360	≥20.0	≥38.0	≥4.0	≥6.0

　　膨润土主要化学成分为 SiO_2、Al_2O_3、CaO、MgO、Fe_2O_3 等，膨润土的基本物理性质指标如表 3.4 所示。

膨润土的基本物理性质指标　　　　表 3.4

相对密度 G_s	界限含水率			颗粒(mm)组成(%)			
	液限 w_L	塑限 w_P	塑性指数 I_P	0.075~0.25	0.05~0.075	0.005~0.05	<0.005
2.7	43.3	25.5	17.8	2.1	1.8	27.6	68.5

　　试验的填充材料配比如表 3.5 所示，采用表中配比制备了直径为 70mm、高径比为 2.0 的试样，在温度 15℃±1℃下密封养护至龄期 28d 后进行室内无侧限抗压强度试验，试验结果显示当水泥-膨润土浆材的配合比为 $W:C:B=1:0.30:0.33$ 时，凝固体的弹性模量介于压实黄土弹性模量变化范围内，此时该水泥-膨润土浆材配比的表观黏度为 28.9s，同时满足灌浆施工对浆液流动性的要求。

试验配合比及物理力学性质指标　　　　表 3.5

编号	水掺入比 W	水泥掺入比 C/W	膨润土掺入比 B/W	浆液密度 ρ (g/cm^3)	表观黏度 $\mu(s)$	抗压强度 $P(MPa)$	弹性模量 $E_s(MPa)$
T1	1.00	0.50	0.27	1.40	25.1	1.24	87.38
T2	1.00	0.45	0.30	1.39	27.2	0.86	46.06
T3	1.00	0.38	0.36	1.38	36.2	1.07	80.48
T4	1.00	0.30	0.33	1.33	28.9	0.36	21.80

2）测斜管埋设

测斜管安装埋设现场如图 3.27 所示，埋设步骤及流程如下：

①测斜管安装：当采用水泥-膨润土浆材作为测斜孔填充材料使用时，除按照常规方法进行测斜管安装，尚需对底端的测斜管与管帽，相邻测斜管之间的接头位置进行密封处理，防止浆液进入管内。

②灌浆材料制备：根据设计配比称取配料质量，先将水泥与膨润土先行搅拌均匀，然后将固体料分批倒入搅拌桶中，将手持式地钻的钻头换成改装后的搅拌头，充分搅拌均匀，直至浆液呈悬浮状，无结粒为止。

③灌浆材料注入：采用注浆泵从搅拌筒中抽取浆液，再通过 PPR 材质的柔性注浆管注入孔壁和测斜管之间的空隙中，测斜管内同时注水保证内外压差平衡，灌浆压力以能将填充浆材注入测斜孔中的最小压力为宜，自下向上注入水泥-膨润土浆液直至溢出地表为止，在拔管的过程还需不断地补浆。

(a) 测斜管安装前密封处理　　　　　　　　　　(b) 测斜管埋设孔注浆回填

图 3.27　测斜管安装埋设现场照片

（3）观测与资料整理

1）滑动式测斜仪的测试现场照片如图 3.28 所示。首先将测斜仪探头的感应方向对准预判的水平位移方向导槽，将测斜仪探头放至管底，然后上提测斜仪探头自下而上测量至测斜管顶部，按照每提升 0.5m 或 1.0m 的测距读取一个数据（正测读数）。为消除因探头的角度传感器偏差、导轮和轴承的磨损、探头受到碰撞和冲击等导致零漂，将测斜仪探头旋转 180°，重新放入测斜管再次测试，可得到另一组数据（反测读数）。

2）当进行数据处理时，用正测读数减去反测读数，以此来消除零漂的影响。以测斜管底部固定端值为零点，自下而上将各区段的位移量累加起来，得到累积位移量。

图 3.28　滑动式测斜仪的测试现场照片

3）根据实测数据，绘制累计水平位移量与深度关系曲线、各测段水平位移量与时间关系曲线、测斜孔的剖面图（含岩芯地质编录）和位移矢量图等。

（4）监测效果检验

为检验所选择的水泥-膨润土浆材配比的填充效果，在延安新区北区一期主沟沟口锁口坝边坡的坡顶位置设置了测斜孔 CX-1 和 CX-2，其中测斜孔 CX-1 采用砂土填充，测斜孔 CX-2 采用水泥-膨润土浆材填充。图 3.29 为不同回填方式的测斜孔观测结果。测斜孔 CX-1 上部 30m 范围内，数据波动较小，而测斜孔下部 30～69m 范围内，数据波动较大。根据现场施工记录，测斜孔 CX-1 所填砂土的总体积仅为测斜孔需填充空隙体积的约 3/5，这导致测斜孔的下部未被填实，测斜管与孔壁之间的空隙使得测斜仪探头在放入测斜管中后，会随测斜管晃动，导致测试数据跳动较大，引起较大测量误差，所测数据难以准确反映监测地层的水平位移情况。采用水泥-膨润土浆材填充的测斜孔 CX-2 与采用砂土填充的测斜孔 CX-1 相比，数据的连续性较好，波动相对较小，所测数据可较准确地反映内部水平位移随时间逐渐增大的变化特征。水泥-膨润土浆材可使测斜管与孔壁之间的空隙填实，测斜孔与周围地层融合为一体，两者变形协调，从而实现了对内部水平位移的可靠监测。

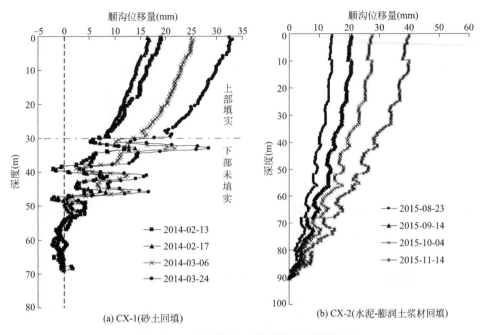

图 3.29　不同回填方式的测斜孔观测结果

3.4.2　固定式测斜仪法

（1）固定式测斜仪及其原理

固定式测斜仪法的监测设备包括测斜探头、连接钢丝绳、观测电缆、数据采集系统和测斜管等组成。固定式测斜仪法的监测原理如图 3.30 所示，与滑动式测斜仪法的不同之处在于，多支导轮式测斜仪串联吊装固定在测斜管内，通过不同高程处的测斜探头测量出被测地质体的倾斜角度，通过观测电缆连接至无线通信模块和电源模块上，无线通信模块将接收的各个测斜探头数据，通过无线通信网络发送至数据监测中心实时监测。固定式测斜仪法与滑动式测斜仪法的测斜管安装埋设方法基本一致，此处不再赘述，不同点是需要将所有探头的观测电缆接入集线箱，进行远程自动化采集（图 3.31）。

（2）新型级联式测斜仪及其原理

目前常用的固定式测斜仪一个探头都需要一条数据线引至地面，一根测斜管一般仅能安装 6~8 个探头，但在黄土高填方工程中，某些边坡的高度达百米，若探头数量过少则无法完整地获得滑坡深部位移动态规律，一旦发生滑坡也难以确定滑动面的准确位置。为此，笔者团队联合合肥工业大学研制了级联式测斜仪[16]，如图 3.32 所示，该仪器包括测斜管、测斜探头、连接杆、观测电缆、无线通信模块、电源模块和数据监测中心。测斜探头安装在测斜管内监测深度处，

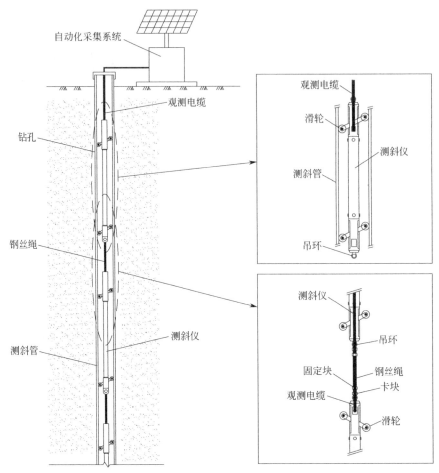

图 3.30　固定式测斜仪的工作原理示意图

图 3.31　固定式测斜自动化采集系统

相邻测斜探头之间通过连接杆连接，每个测斜探头内均设置有测斜模块，依次通过观测电缆串联连接至无线通信模块和电源模块上，无线通信模块接收各个测斜模块内串口电路传输的位移数据，并通过无线通信网络发送至数据监测中心，通过网络进行接收并用于实时监控。

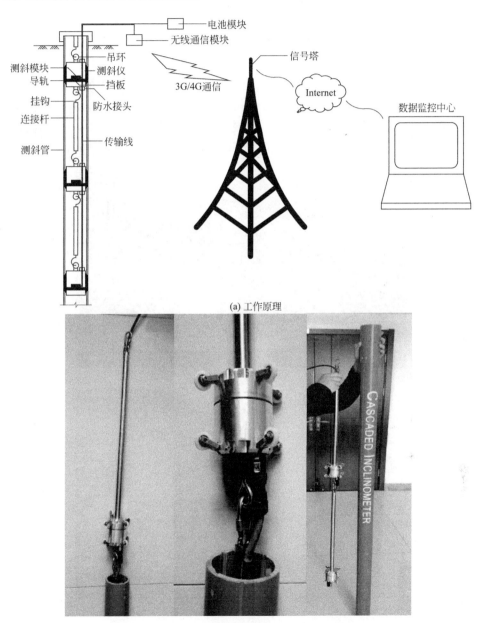

(a) 工作原理

(b) 实物照片

图 3.32　级联式测斜仪工作原理及监测实物照片

3.5 地表水平位移监测

3.5.1 监测方法及比选

（1）水平位移监测对象的特征

水平位移监测的主要对象是挖填高边坡，当需要观测沟谷两侧指向沟谷中心的水平位移时，则在沟谷横断面设置监测点。典型沟谷地形中的黄土挖填高边坡现场照片如图 3.33 所示。挖方边坡主要位于沟谷填方区上游和两侧挖方区毗邻山体，平面形态呈条带状展布，剖面形式有倾斜式、台阶式和复合式三种类型，地层组合形式为新老黄土组合型（Ⅰ）、老黄土与红黏土组合型（Ⅱ）和老黄土与基岩组合型（Ⅲ）等。填方边坡位于沟谷下游沟口，当沟口宽阔时，平面形态

(a) 挖方边坡

(b) 填方边坡

图 3.33 典型的黄土挖填边坡照片

呈弧形条带状，当沟口较狭窄时，平面形态呈 U 形或 V 形，剖面形式主要为台阶式，地层组合形式为填土与新老黄土组合型（Ⅰ）、填土与基岩组合型（Ⅱ）和填土与冲洪积土组合型（Ⅲ）。

（2）常用水平位移监测方法的适用范围

地表水平位移可采用基准线法、前方交会法、精密导线测量法和三角测量、三边测量、边角测量等，上述方法适用范围如下：

①当需要观测地面监测点在特定方向的位移时（如沿边坡倾向位移），可采用基准线法（包括视准线法、激光准直法和引张线法等）；

②当变形体附近很难找到合适工作基点，且需要观测监测点任意方向位移时，可视监测点的分布情况，采用前方交会法、近景摄影测量法等；

③当监测点数量较多的大测区或监测点远离稳定地区的测区，宜采用全站仪自由设站法（也称为边角后方交会法）和卫星定位测量法等。

（3）水平位移监测方法的选择

黄土高填方工程的挖填高边坡水平位移监测与其他一般边坡工程有相比，边坡周边的地形条件复杂，场地空间狭窄，通视条件较差，施工干扰频繁，变形监测环境较为不利。为了避免高边坡变形对观测基点的影响，观测基点应远离变形区，而为了保证通视条件，提高观测精度，观测基点又要尽可能靠近监测点，二者存在矛盾，很难采用固定设站法对高填方边坡进行监测。为此，对边坡重点部位采用前文所述的卫星定位测量法，大面积监测采用全站仪自由设站法。

3.5.2　全站仪自由设站法

（1）监测设备及原理

全站仪自由设站法的主要监测设备包括高精度全站仪、棱镜和水平位移观测标（图 3.34）。水平位移观测标埋设时，先在监测点处开挖深度不小于 0.5m（永久性位移监测点的底座埋入的深度不小于 1.0m，若观测期内存在土体的冻

(a) 全站仪

(b) 棱镜

图 3.34　高精度全站仪及配套棱镜

融问题，埋设深度应超最大冻深以下 0.5m）、直径不小于 0.4m 的坑，采用不低于 C20 的混凝土浇筑，混凝土顶部预埋一个不锈钢螺栓，用于连接棱镜座。

全站仪自由设站法的基本原理[17-18]：通过在监测区内设置控制点和监测点，建立整个监测区域的控制网。水平位移观测时，测站的位置自由选择，对监测区域内的控制点和监测点进行分站测量，建立相邻测站之间的姿态、定向关系，将测量获得的水平角、垂直角和斜距作为观测值，以测站位置参数和监测点坐标作为平差参数进行参数平差，获取测站位置参数和监测点坐标的精确结果，然后计算变形速率及累计变形量等变形参数。该方法可灵活设站，解决了黄土高填方场地内难以找到稳定基点、施工干扰频繁等问题。

（2）观测与资料整理

1）观测过程如下：①初始测量获取每个控制点的坐标，建立控制网坐标系，自由设站获取监测范围内所有的基准点和水平位移标的坐标，依据平差软件计算获得所有变形点控制网坐标系下的三维坐标；②分周期进行变形点监测，每期监测时同样自由设站，先获取基准点的坐标，再获取监测点的坐标，这样每次监测都测量了基准点在自由设站时测量坐标系下的坐标，将每期监测获取的基准点和监测点坐标都转化到统一的控制网坐标系下；③获得每个监测点相对控制网坐标系的三维变形量，对多期观测数据比较可以获得变形速率及累计变形量等变形数据。

2）监测频率应保证每月不少于 1 次，当地表水平位移出现等速变形时，应每周不少于 1 次；加速变形时应每日进行监测，雨期和融雪期间每周至少观测1 次。

3）根据实测数据，统计水平位移量及位移方向，绘制水平位移量-时间关系曲线，此外还可绘制监测断面的水平位移量分布图。

3.6 裂缝监测

3.6.1 裂缝巡查

（1）巡查内容与方法

裂缝巡查现场照片如图 3.35 所示，巡查方法除采用目视、手摸等直观方法外，尚应辅以照相机和摄像机等记录工具，采用测尺（钢直尺、游标卡尺等）、GNSS RTK 对巡查过程中发现的裂缝及伴生出现的落水洞拍摄照片，统一编号，设置标记，保护缝口，记录裂缝的位置、范围、走向、长度、缝口宽度、深度及发现时间等。

（2）巡查频率与资料整理

图 3.35　裂缝巡查现场照片

1）裂缝巡查的频率应视裂缝出现、发展情况而定，一般每周巡查 1 次。当裂缝集中出现或暴雨引起裂缝伴生出现落水洞时，应及时增加巡查次数。

2）根据裂缝的测量信息在总平面图上绘制裂缝分布图，并统计裂缝数量在不同填土厚度区间的分布情况、裂缝数量与挖填交界线距离区间的分布情况、裂缝最大张开宽度区间的分布情况等。

3.6.2　裂缝表面缝宽测量

（1）监测设备及原理

当需要对裂缝宽度变化进行长期监测时，可在裂缝的两侧设置固定标志点，如浇筑混凝土柱，顶部设置标头（图 3.36），采用单向标点测缝法进行裂缝宽度监测；当需要短期监测时，可在裂缝的两侧设置临时标志点，如打入钢钎或木桩等。边坡表面裂缝长度小于 5m 或宽度小于 1cm 时，可采用钢尺、游标卡尺等简易手段人工测量，又称为单向标点测缝法；边坡表面裂缝长度超过 5m、宽度大于 1cm 且深度大于 2m 时，单纯依靠人工观测方法，难以及时发现裂缝突变异

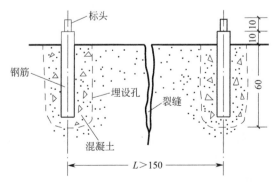

图 3.36　单向标点测缝法裂缝宽度监测装置结构示意图

常，不利于临灾前兆判断，因此应设置裂缝宽度自动化监测系统。图 3.37 为笔者团队设计的裂缝宽度自动化监测系统，该系统由位移传感器、位移传递杆、套管、伸缩波纹管、扶正导向器、锚固板和数据自动采集传输系统等组成，现将系统各组件简要介绍如下[19]：

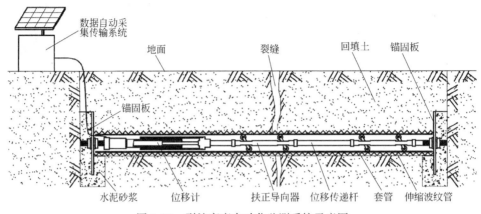

图 3.37　裂缝宽度自动化监测系统示意图

1）位移传感器：采用电感调频式位移传感器，量程为 400mm，精度为 1.0‰F.S.。

2）位移传递杆：采用外径 26.9mm 镀锌钢管加工，位移传递杆与锚固板连接。

3）套管：采用外径 53mm 的测斜管加工，内壁带有十字导槽。

4）伸缩波纹管：采用内径为 55mm 的金属波纹管，波纹管纵向能自由伸缩，外套于套管上，将套管与周围土体分开，防止泥土进入套管内。

5）扶正导向器：由导向杆和导向轮组成，长度为 50cm，导向轮由扭簧撑开，导向轮位于导槽内，使位移传递杆位于套管轴线。

6）锚固板：采用直径 300mm、厚度 5mm 的钢板加工，由水泥砂浆浇筑到安装槽两端的坑槽中，使锚固板与裂缝两侧土体成为一体。

7）数据自动采集传输系统：由数据采集控制模块、无线传输模块、太阳能供电系统和监控中心服务器等组成。

本裂缝宽度自动化监测系统的工作原理：当裂缝宽度变化时，土层将带动锚固板同步变形，裂缝两侧锚固板之间发生相对位移，位移传递杆将裂缝两侧的相对位移传递给位移传感器进行测量，位移传感器观测数据通过无线传输模块发送到监测中心。位移传感器前后两次测量值之差，即为裂缝表面宽度的变化量。

（2）观测与资料整理

1）裂缝宽度的观测频率应视裂缝发展情况而定。在裂缝出现初期的半个月内，宜每天观测 1 次；半个月至 1 个月，宜每 3 天观测 1 次；1 个月至 3 个月，宜每周观测 1 次；3 个月后，宜每半个月观测 1 次。当裂缝显著增大，应及时加大观测频率；当裂缝发展减缓后，可适当减小观测频率。对于设置在危险边坡关键部位上的监测点，应采用裂缝宽度自动化监测系统进行实时监测。当需要长期观测裂缝宽度变化时，裂缝监测应与沉降和水平位移监测相结合，其观测时间、次数应一致。

2）根据观测结果绘制裂缝宽度-时间关系曲线、裂缝宽度变化速率-时间关系曲线。

3.6.3　裂缝内部发育探测

对裂缝深度、宽度和产状的调查，对于 2m 以内浅缝，常可采用坑探、槽探等方法；对于超过 2m 的深缝，宜开挖竖井结合物探方法，但该方法耗时长、效率低且探测范围有限。为此，将高密度电法应用于黄土高填方裂缝及伴生落水洞的空间发育情况探测，作为现有直接观测方法的补充。

（1）探测设备及原理

高密度电法的探测设备为高密度电法仪，辅助设备为 GNSS RTK 和钢尺等。高密度电法是以岩土体电性差异为基础，推断不同电阻率地质体的赋存情况。高密度电法的探测原理如图 3.38 所示，首先通过 A、B 电极向地下供电流 I，然后在 M、N 极间测量电位差 ΔV，从而可求得该点（M、N 之间）的视电阻率值，最后根据实测电阻率剖面分析计算，便可获得地层中电阻率的分布情况[20]。当原地基或填筑体内有裂缝及伴生落水洞发育时，裂缝及伴生落水洞会被空气充填，同时其周围土体的密实度也会降低，在电阻率剖面反映为高阻异常带（若降水过后缝隙及伴生落水洞内充水或充泥浆则表现为低阻异常带）的特性，可判断裂缝的存在与否、埋深、下延深度以及走向延伸等发育信息。

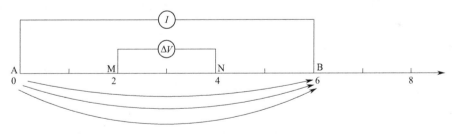

图 3.38　高密度电法探测原理示意图

（2）探测方法及资料整理

裂缝的数据采集与整理过程如图 3.39 所示，具体实施过程如下：

1）数据采集：高密度电法的探测线应与裂缝垂直或斜交。对于较窄的裂缝，

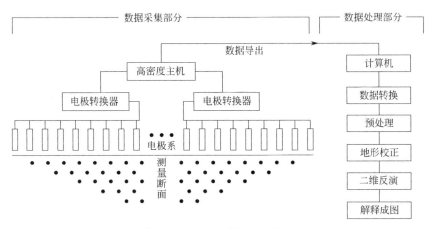

图 3.39　高密度电法电阻率探测与资料整理流程

在满足测深的情况下，对缝宽较小的裂缝，极距加密至 0.5～1.0m，装置形式采用温纳装置。此外，可在剖面异常位置采用坑探、槽探等方法进行验证。

2）数据处理：现场探测工作结束后，将探测数据通过传输软件传输到计算机，首先采用去噪技术将异常点剔除，再进行地形校正及格式转换等预处理，调入 CRT 数据处理软件中，然后将数据导入 RES2DINV 中进行二维反演，并将反演结果采用 Surfer 软件绘制成等值线图，依据等值线上的视电阻率值的变化特征，结合场地已有的勘察资料和土性差异点作出地质解译，最后利用 AutoCAD 软件绘制出物探成果解译图。

3.7　本章小结

（1）为实现对黄土高填方内部沉降的全过程监测，结合黄土高填方工程地质条件和施工特点对传统电磁式沉降仪法、深层沉降标法的埋设方法和数据处理方法进行了改进。针对传统监测装置的测量元件埋设难度大，施工期观测困难，不易实现自动化监测等不足，研发了串接式位移计法及配套监测装置，该监测装置主要由电感调频式位移计、位移传递杆、沉降板、锚固头、保护套管和沉降观测标等部件组成，其中电感调频式位移计与位移传递杆串联连接，用于观测相邻监测点之间的压缩沉降，接入自动化采集系统后可实现自动化监测，监测装置采取原地基中钻孔埋设与填筑体中探井埋设相结合的埋设方法，随土方施工分段埋设至高填方内，通过分层测量，逐层累加的方法获得各监测点的沉降。经现场试验验证，该方法配套装置的结构设计合理，配套埋设工艺可靠，监测数据准确完整，适用于采用均质土料分层压实的大面积高填方地基内部沉降监测。

（2）黄土高填方地表变形监测采取光学水准测量法、卫星定位测量法和合成孔径雷达干涉测量法相结合的方式，形成"人工与自动化结合""点面结合"的监测系统，主要技术成果如下：

1）针对传统光学水准测量法中地表沉降标安装埋设不便、易受冻胀和融沉影响等不足，设计了预制＋现浇组合形式的地表沉降标，现浇＋预制组合式结构形式，上部标体为预制混凝土桩体，下部标体为现浇圆台扩大头，上部标体与孔壁之间缝隙由干细砂填充，地面下 20cm 深度范围内采用黏土（或膨润土）填充密实，埋设深度超过冻结深度 50cm，避免了冻胀、融沉引起的测量误差。

2）针对传统光学水准测量法存在的监测频率低、连续性差和工作量大等不足，设计了北斗高填方地表变形监测系统，集成卫星载波相位周跳探测与修复、分时段加权组合定位等高精度定位解算方法，经现场试验验证，静态差分定位精度达毫米级，满足高填方工程关键部位的自动化监测需求。

3）针对传统点源测量法的监测范围小、点位密度低、施测周期长等不足，以及对地质灾害宏观特征及时空演化过程监测能力有限，采用 PS-InSAR 技术对 TerraSAR-X 卫星影像进行干涉处理，选取高密度 PS 点反映监测场地的变形，经与精密水准测量结果对比发现，二者具有较高的一致性，可达到毫米级观测精度。

（3）黄土高填方的内部水平位移监测采用滑动式或固定式测斜仪法时，测斜管埋设深度大，测斜管与钻孔壁间的填充材料作为地层水平位移的传递媒介，一是要能保证测斜管与钻孔之间回填密实，使测斜管与周围土体成为一体，避免因测斜管晃动引起的测量误差；二是要与周围地层土体有近似的力学性能，使测斜管与监测地层土体变形协调，保证地层变形通过填充材料传递至测斜管，并及时、准确地反映地层的真实变形。为此，制备不同配比的水泥-膨润土浆材用于测斜管与钻孔壁间的填充材料，通过试验筛选出了同时满足求流动性和力学性能指标的质量配比（水：水泥：膨润土＝1：0.30：0.33），表观黏度为 28.9s，同时满足灌浆施工对浆液流动性的要求。

（4）黄土高填方工程挖填高边坡的地形条件复杂，一些场地空间狭窄，通视条件较差，施工干扰频繁，变形监测环境较为不利。为了避免高边坡变形对观测基点的影响，观测基点应远离变形区，而为了保证通视条件，提高观测精度，观测基点又要尽可能靠近监测点，难以采用固定设站法对高填方边坡进行监测。为此，对边坡重点部位可采用卫星定位测量法，大面积监测可采用全站仪自由设站法。

（5）黄土高填方场地中裂缝监测内容应包括：①裂缝巡查。查明裂缝的位置、范围、走向、长度、缝口宽度、深度以及发现时间等；②裂缝表面宽度测量。通过单向标点测缝法和裂缝计法观测裂缝宽度变化，判断裂缝的发展演化规律和稳定趋势；③裂缝内部发育探测。当裂缝的出现和发展对高填方地基或挖填边坡的变形与安全稳定性影响大时，采用探槽或物探方法进一步探测裂缝的深度、宽度及产状。

本章参考文献

[1] 于永堂，张继文，郑建国，等．高填方地基内部沉降监测装置的研制 [J]．应用基础与工程科学学报，2018，26（3）：550-561.

[2] 冯平，蒋静坪．一种新型电感式位移传感器 [J]．仪器仪表学报，2002，23（3）：313-316.

[3] 中华人民共和国国家质量监督检验检疫总局．测量不确定度评定与表示：JJF 1059．1—2012 [S]．北京：中国标准出版社，2013.

[4] 叶晓明，凌模，周强．测量不确定度与测绘学精度 [J]．计量学报，2009，30（5A）：132-136.

[5] 金旭，陈晓冬，管彦武．气候变化对浅层地温测量影响的改正 [J]．地球学报，2004，25（5）：579-582.

[6] 陈晓冬，金旭，管彦武，等．长春地区地表温度日变、年变对地温测量的影响 [J]．地球物理学进展，2006，21（3）：1008-1011.

[7] 国家机械工业局．电感位移传感器：JB/T 9256—1999 [S]．北京：机械工业出版社，2000.

[8] 中华人民共和国住房和城乡建设部．工程测量标准：GB 50026—2020 [S]．北京：中国计划出版社，2021.

[9] 中华人民共和国住房和城乡建设部．建筑变形测量规范：JGJ 8—2016 [S]．北京：中国建筑工业出版社，2016.

[10] 夏娜，杨鹏程，杜华争，等．基于贯序极限学习机的卫星信号周跳探测与修复方法 [P]．中国：ZL201310680892. X，2013-12-13.

[11] 夏娜，宋重義，齐美彬，等．一种基于层次分析法的北斗高精度定位方法 [P]．中国：ZL201610495590. 9，2016-06-28.

[12] FERRETTI A，PRATI C，ROCCA F．Nonlinear subsidence rate estimation using permanent scatterers in differential SAR interferometry [J]．IEEE Transactions on Geoscience and Remote Sensing，2000，38（5）：2202-2212.

[13] FERRETTI A，PRATI C，ROCCA F．Permanent scatterers in SAR interferometry [J]．IEEE Transactions on Geoscience and Remote Sensing，2001，39（1）：8-20.

[14] 朱建军，李志伟，胡俊．InSAR 变形监测方法与研究进展 [J]．测绘学报，2017，46（10）：1717-1733.

[15] 田福金，郭建明．福建省泉州地区断裂带地壳形变 PS-InSAR 监测 [J]．地震工程学报，2015，37（1）：196-201.

[16]　夏娜, 常亮, 宋重義, 等. 一种级联式测斜仪的自动监测系统 [P]. 中国: ZL201820213037.6, 2018-02-07.

[17]　许文学, 羊远新, 钱清玉. 基于全站仪自由设站的高填方机场边坡变形监测方法 [J]. 测绘通报, 2014 (S1): 50-53.

[18]　陈伟康, 何巧. 自由设站法在变形监测中的应用 [J]. 测绘与空间地理信息, 2014, 37 (7): 197-200.

[19]　于永堂, 郑建国, 张继文, 等. 黄土高填方场地裂缝的发育特征及分布规律 [J]. 中国地质灾害与防治学报, 2021, 32 (4): 85-92.

[20]　傅良魁. 应用地球物理教程: 电法 放射性 地热 [M]. 北京: 地质出版社, 1991.

第 4 章　黄土高填方工程应力监测技术

4.1　概述

对黄土高填方工程的变形与稳定状态分析时，常需要通过应力监测数据反映变形强度，配合其他监测资料分析变形动态变化过程。黄土高填方工程内部"自由场"土压力的观测比较复杂，影响土压力的因素除与上覆填土厚度有关外，还与沟谷地形、原地基刚度和边界条件等因素相关，现有土压力理论还难以准确地反映土压力分布的实际情况，因此，对土压力进行监测是非常必要的。黄土高填方工程的原始沟谷中常分布有一定厚度的冲洪积土和淤积土层，这些土层具有结构松散、含水率高和压缩量大等特点，在上部大厚度填土荷载作用下，容易产生超静孔隙水压力，此外，挖填造地后地下水环境发生变化，引起局部地下水位升降变化，还可能会产生渗透压力，孔隙水压力的变化影响着高填方场地的变形与稳定，因此，对孔隙水压力监测至关重要。本章介绍了黄土高填方工程的土压力和孔隙水压力监测方法，监测设备（仪器）的选择、安装埋设、观测与资料整理分析方法等。

4.2　土压力监测

在黄土高填方工程中土压力监测的主要目的包括以下两方面：

（1）黄土高填方工程为疏排原始沟谷的地表水和出露泉，常会在沟谷底部设置盲沟，盲沟上的填土厚度达几十米甚至上百米，此时作用在盲沟上部的土压力有多大，在上覆填土荷载作用下，盲沟是否会被压坏塌陷，引起排水系统失效，是设计中非常关心的问题，因此需要通过在盲沟上部土层中安装土压力计直接获得准确的土压力数据。

（2）黄土高填方工程的沉降变形特征与土中应力分布密切相关，原始沟谷特殊的"V形"和"U形"的地形条件易产生不均匀沉降，为土拱的形成提供了基本条件，需要在高填方工程内部不同深度处埋设土压力计，测得沟谷横剖面的土压力分布，若与孔隙水压力监测值相结合，还可确定土中有效应力大小，为土体沉降变形计算与预测评估提供依据。

4.2.1　监测仪器的选用

（1）土压力计的类型及特点

土压力计能直接反映土层中的土压力变化状况，因此成为土压力监测的基本工具。土压力计的组成主要包括三部分：一是传递和承受土压力部分；二是接受土压力的传感器部分；三是测量仪表（即测读数据仪表）。土压力计可根据量测荷载类型、埋入方式和外形等不同角度进行分类，分类结果如表 4.1 所示。

土压力计分类表[1-2]　　　　　　　　　　　　　　　　　表 4.1

分类角度	类型	
量测荷载类型	静态	动态
安装方式	埋入式	边界式
外形	立式	卧式
受压面工作状态	薄板式	活塞式
膜片数量	单膜	双膜
原理	振弦式、差动电阻式、电阻应变片式、气压式、电感调频式、压电式等	

国家标准《岩土工程仪器　土压力计》GB/T 23872—2009[3] 和行业标准《土石坝监测仪器系列型谱》DL/T 947—2005[4] 对常用土压力计的仪器性能、测量范围和分辨力等有明确的规定。理论和试验研究表明，为获得可靠的土压力测量结果，埋入式土压力计的结构形式应满足以下要求[2]：

1）土压力计外壳厚度 H 与其直径 D 之比一般应满足 $H/D \leqslant 0.05$（当一侧为基岩，另一侧为填土，采用的是界面土压力计时则不受此要求限制）；

2）土压力计的等效变形模量 E_g 与土的变形模量 E_s 之间满足 $E_g/E_s = 5 \sim 10$；

3）土压力计的外壳直径 D 与其中心最大挠度 δ 之比 $D/\delta \geqslant 2000$；

4）土压力计只对受力方向的力反应灵敏，而不受侧向压力的影响，即只能测定垂直于压力面的土压力。

目前，工业与民用建筑、水利、公路、铁路等工程中常用的土压力计类型主要包括振弦式、差动电阻式、电阻应变片式、电感调频式和压电式等，各类型土压力计的优缺点如下。

1）振弦式（包括钢弦式、钨弦式）土压力计

该类型土压力计的优点是长期稳定性好、耐久性强、环境适应力强、受温度影响小，频率信号不受传感器和接收仪器之间电缆长度的影响，适用于长距离遥测，缺点是输出频率与荷载之间的关系是非线性，使用时需查标定曲线[5]。

2）差动电阻式土压力计

该类型土压力计的优点是结构简单、灵敏度高、寿命长、性能稳定、密封性好，能够同时测量环境温度，适宜于环境恶劣条件下长期使用，缺点是测值易受到测量回路中导线电阻和接触电阻及其变化的影响（如传统的四芯线测量线路），特别是在长期的观测过程中，由于电缆芯线铜丝和集线箱开关接点的氧化、电缆连接焊点的腐蚀以及测量仪表（电阻比电桥）的老化，将引入严重的观测误差，降低观测精度，使观测成果的可靠性降低，甚至导致错误的结论[6]。

3）电阻应变片式土压力计

该类型土压力计的优点是线性好、灵敏度高、使用方便，缺点是长期稳定性较差，零点漂移大，受潮后绝缘电阻变小，致使传感器失效，因此适用于短期或室内测量使用[7]。

4）电感调频式土压力计

该类型土压力计的优点是工作可靠、性能稳定、信噪比高、抗干扰能力强、可长距离传输数据，适合遥测和恶劣环境下使用，缺点是传感器本身的频率响应不高，不适合快速动态测量，且分辨率与压力测量范围有关，测量范围越大分辨率越低，反之则越高[8]。

5）压电式土压力计

该类型土压力计的优点是动态特性好，适合爆炸、振动试验中土压力（应力）的快速测量；缺点是有部分电压材料忌潮湿，需要采取一定的防潮措施，而输出电流的响应又比较差，要使用电荷放大器或高输入阻抗电路来弥补这个缺点，让仪器更好地工作[9]。

（2）土压力计的选用

黄土高填方工程采取分层填筑，施工期会受到压（夯）实施工等引起的冲击荷载作用，施工环境恶劣，因此土压力计必须结构牢固，具有足够的耐久性、稳定性和灵敏性，准确地反映上覆土压力的变化。黄土高填方工程观测的是静态土压力，因此宜选用静态土压力计；土压力计若埋入潮湿的地下，长距离电缆数据传输，且观测时间长达数年，宜选用振弦式土压力计；土压力计在黄土高填方工程中，主要用于测量土中的自由场土压力，应选择埋入式土压力计，其外形越扁平越好，直径尽可能大，国家标准《岩土工程仪器基本参数及通用技术条件》GB/T 15406—2007[10]中规定土压力计的直径 D 与厚度 H 比应满足 $D/H \geqslant 20$ 的关系。当土的变形模量 E_s 较小时，等效变形模量 E_g 较高的单膜土压力计即可满足要求；当土的变形模量 E_s 较高时，较高的土压力计等效变形模量 E_g 会使传感器系统的灵敏度大大降低，此时应采用双膜式土压力计。此外，单膜式一般用来测量界面土压力，双膜式一般用于测量自由土体压力，为此在对黄土高填方工程中填筑体的土压力监测时，宜采用双膜式土压力计；考虑监测竖向土压力，采用卧式土压力计。此外，土压力计的量程应满足被测压力变化范围的要求，考虑局部土拱效应，最大量程可取 1.2～1.5 倍上覆土自重压力计算值，精度不宜低于 0.5%F.S，分辨率不宜低于 0.2%F.S。

4.2.2 监测仪器的标定

土压力计出厂前会在均匀液压（或气压）条件下进行标定，然而在实际应用时是埋入土中的，受到的土压力是非均匀分布的，此外还会受到土拱效应的影响。土压力计在实际应用时受到介质条件和应力分布环境影响，土压力计的刚度和土体的刚度难匹配，土压力计附近产生应力集中或发生拱效应，均会改变了土体内自然形成的应力场，此时土压力计所测得的数据并非均布荷载作用在受压面时的压力值。考虑到上述因素影响，为了较为准确地获得土压力观测结果，在土压力计埋设前，需要对土压力计采用砂标法进行二次标定。本次设计的标定装置如图 4.1 所示，该装置采用杠杆砝码加荷方式施加分级荷载，荷载通过加压板、标准砂最终传递给土压力计受压面，避免了荷载偏心和荷载不稳。为减少标定筒侧壁摩擦力对标定试验结果的影响，在筒内壁上涂抹凡士林保证润滑。

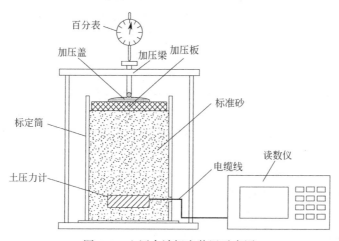

图 4.1 土压力计标定装置示意图

土压力计的标定步骤可参考《土工试验仪器 岩土工程仪器 振弦式传感器 通用技术条件》GB/T 13606—2007[11]。对土压力计标定时，首先测读土压力计在无荷载条件下的初始频率，然后预先施加 15kPa 压力，使压缩仪各部分紧密接触，同时提高土压力计周围介质的刚度，降低二者的刚度差，然后在预估最大测量值范围内取 6～21 点，确定相邻两点间压力增量，逐级加载至最大加载值，每级压力施加后频率值基本稳定后读取输出频率值，且每级压力至少保持 30s；最后，逐级卸载至零点压力，保持 3min 后读取输出频率值。土压力计采用油（液）标和砂标试验结果的对比曲线如图 4.2 所示。如图所示，油标法加载与卸载曲线基本重合，而砂标法加载和卸载曲线不重合，出现卸载滞后性，曲线表现为非线性并形成滞回圈，主要原因是由于土颗粒间的摩擦作用和砂土被压密后土体的变形仍有部分未恢复，土体仍会保留上一级荷载作用，完全卸除后该现象就消失了。

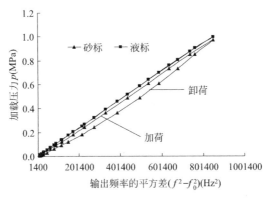

图 4.2　典型土压力计标定曲线

4.2.3　监测仪器的埋设

土压力计的安装与埋设是土压力监测工作的重要环节。为确保土压力测量工作成功，不仅要有可靠的监测仪器，而且要有相应的埋设技术保证仪器的埋设质量和成活率，否则会影响观测效果，甚至导致观测失败。对于原地基中的土压力监测，笔者曾采取"井埋法"，即开挖探井将两个土压力计安装至探井底部，埋设深度分别为 5.0m 和 1.5m，然后将探井回填至原地表面，最后在上部进行土方填筑施工。土压力观测结果如图 4.3 所示。由图可知，在上覆土厚度小于 20m 时，土压力观测值随填土厚度增加而增大的幅度很小，土压力观测值明显小于理论计算值 γH，这主要是因为探井内填土为二次回填，探井内外的填土密实度存在差异，二者变形不同步，使得填土荷载未能完全传递至探井底部，导致观测值明显偏低。

为避免上述问题出现，土压力计随填筑施工采用坑埋法如图 4.4 所示，埋设现场照片如图 4.5 所示，埋设步骤如下：

（1）埋设坑开挖：在填方高程超过埋设高程约 0.5m 时，从现地面开挖敞口埋设坑，坑底直径或边长不应小于土压力计直径的 3 倍，坑壁倾角（坑壁与水平面的夹角）宜小于 45°，坑底整平至埋设高程并形成水平面。

（2）土压力计安装：土压力计置于坑底中心，然后对埋设坑按照原含水率、干密度人工分层回填密实。当采用分层压实法施工时，为防止冲击荷载破坏土压力计，待土压力计上部填筑厚度超过 1.2m 后，方可进行正常的填土施工。

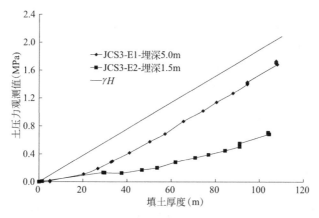

图 4.3　"井埋法"的土压力观测结果

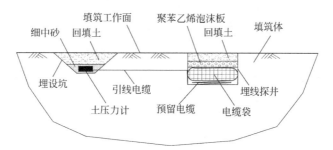

图 4.4　土压力计的埋设方法示意图

图 4.5　土压力计的埋设现场照片

（3）电缆集中保护：将同一断面埋设的土压力计电缆引至监测点旁的保护探井中，多个土压力计电缆集中成一束，同一方向成螺旋状放入探井中，上部放置聚苯乙烯泡沫板保护，最后测量保护探井的井口坐标和高程。

（4）电缆向上引线：当土压力计上部填土厚度达 3～8m 时，根据上次的平面坐标和高程定位电缆保护探井的位置，开挖竖直探井找到电缆并引至当前填筑面，如此循环，直至达到设计高程。

通过上述方法，可得到填筑施工全过程的监测数据，同时可保证土压力计在施工干扰和振动冲击等恶劣条件下的成活率。

4.2.4 观测与资料整理

（1）施工期观测：当填筑工作面高于上一次土压力计电缆埋设高程 3～8m 时，将土压力计的观测电缆引出，读取并记录土压力值；填土施工过程测量地面高程变化，测记填土厚度变化。

（2）工后期观测：第 1 年内宜每月观测 1 次，1 年后可每 3 个月观测 1 次。各测点的测值稳定后，可减小监测频次；反之，应增大监测频次。

（3）根据实测数据，绘制土压力-填土厚度关系曲线、土压力沿深度分布曲线和土压力沿沟谷断面分布图等。

4.3 孔隙水压力监测

在黄土高填方工程中，孔隙水压力监测的主要目的包括以下两方面：

（1）沟谷地形中的黄土高填方工程沟底常分布有淤积土，淤积土具有含水率高、孔隙比大、渗透性差、压缩性高和强度低等特点，孔隙水压力的发展变化是土体变形和强度变化的根本原因，因此需要通过对饱和土中的孔隙水压力监测数据，分析土中孔隙水压力的发生、增长和消散过程，判断地基土的固结情况。

（2）黄土高填方内部的地下水会顺地形走势沿盲沟向外疏排，但是当沟谷两侧地下水位高于沟底水位或上游水位高于下游水位时，形成的水位差会在高填方内部产生渗透压力，因此需要通过监测孔隙水压力，观测土中渗透压力的大小及变化，判断高填方地基和挖填边坡的稳定状态。

4.3.1 监测仪器的选用

（1）孔隙水压力计类型及特点

根据工程测试目的、土层渗透性质和测试期的长短等条件，选用竖管式（又称测压管式）、水管式、气压式和电测式（主要包括振弦式、差动电阻式、电阻应变片式和压阻式等）孔隙水压力计，各类孔隙水压力计的特点及适用情况如下：

1）竖管式孔隙水压力计

该类型仪器成本较低，耐久性好，精度尚可，但一个观测孔中仅能单点量测，监测结果易受土的渗透性影响而发生滞后现象，不宜用于渗透系数较小的淤泥或淤泥质土中。

2）水管式孔隙水压力计

该类型仪器的成本较低、精度较高，耐久性好，但操作和埋设繁琐，不适宜用于深孔和钻孔埋设，目前在工程中已很少应用。

3）气压式孔隙水压力计

该类型仪器的测试误差相对较大，只有在量测误差允许大于 10kPa 时，方可选用。

4）电测式孔隙水压力计

适用于各种渗透性质的土层，不同原理的电测式孔隙水压力计特点如下：

①振弦式孔隙水压力计

该类型仪器对压力变化反应灵敏、稳定性较好、耐久性较好、精度较高，可采用坑式埋入或钻孔埋入，允许长距离数据传输，不受电缆电阻、接头电阻和接地漏电等因素影响，能够在恶劣环境下长期工作。

②差动电阻式孔隙水压力计

该类型仪器的结构简单、牢固，长期稳定性比较好，不受埋设深度影响，但埋设和操作技术要求稍高。

③电阻应变片式孔隙水压力计

该类型仪器对孔隙水压力变化反应迅速、传输距离长、易实现遥测自动化、加工制作简单等特点，尤其适用动态监测。

④压阻式孔隙水压力计

该类型仪器的精度高、稳定性好、体积小、动态性能好和信号传输距离远等特点。

（2）孔隙水压力计的选用

黄土高填方工程的孔隙水压力监测贯穿施工期和工后期，要求孔隙水压力计具有较高的精度、较强的耐久性和稳定性；孔隙水压力监测深度一般较大（常超过 20m），且在不同深度处布设多个测点，需长距离传输数据至地面采集端；孔隙水压力监测点常设置于在原地基中的饱和淤积土或填筑体中近地下水位面的压实填土中，两类土体的渗透性均较低，孔隙水压力变化缓慢。根据黄土高填方工程中孔隙水压力的监测目的、土体渗透性、渗流特征及埋设条件等特征，宜选用电测式孔隙水压力计，如常用的振弦式和差动电阻式。为保证孔隙水压力计的精度，量程不宜过大（一般量程越大，精度越低），参考《地下水原位测试规程》T/CECS 55—2020[12]，孔隙水压力计的上限值大于静水压力值与预估的超孔隙水压力值之和，宜为 100~200kPa，精度不宜低于 0.5％F.S，分辨率不宜低于 0.2％F.S。

4.3.2 监测仪器的埋设

孔隙水压力计可采取施工期埋设或工后期埋设,前者能获得施工期及工后期全过程的孔隙水压力监测数据,但电缆的引出与保护难度较大,后者必须重新钻孔,可以提高仪器的成活率,但丢失施工期监测数据。为获取施工期孔隙水压力监测数据,对孔隙水压力计宜采取在施工期埋设,埋设工艺可采取钻孔埋设、坑式埋设和探井引线相结合的方式。

(1) 钻孔埋设工艺

钻孔法埋设工作成败的关键是要解决好三个关键问题:一是将孔隙水压力计准确就位;二是保证探头周围渗水通畅;三是解决相邻探头间的隔离与封孔。埋设孔钻探时需记录土层性质、土层分界、初见水位和稳定水位等基本信息。钻孔法埋设孔隙水压力计时,采用一孔多测点的埋设方式,如图 4.6 所示,其主要结构包括探头滤层、探头间分隔层等。在非饱和土中,探头滤层采用厚度 10~15cm 的中粗砂,探头间分隔层采用黏土分层填充夯实。

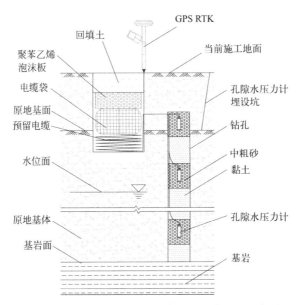

图 4.6 非饱和黄土中的孔隙水压力计埋设示意图

在地下水位以上的原地基非饱和黄土中一般不会发生塌孔、缩孔问题,但是当遇到淤积软土层时,缩孔较严重,孔隙水压力计难以下放至监测深度,为此设计了孔隙水压力计安装装置(图 4.7),该装置由安装筒、安装杆和安装绳组成。安装筒采用金属或高强塑料制作,上部筒体为压腔,带有承力格挡,下部筒体为封闭空腔,底部为圆锥形,筒身上带透水孔,孔径为 3~4mm,内衬纱网,开孔率为 10％～15％，使筒内外可自由渗水；安装杆为分段连接杆，可直接采用钻机钻杆或采用镀锌钢管制作；安装绳采用直径 3～4mm 细钢丝绳制作。

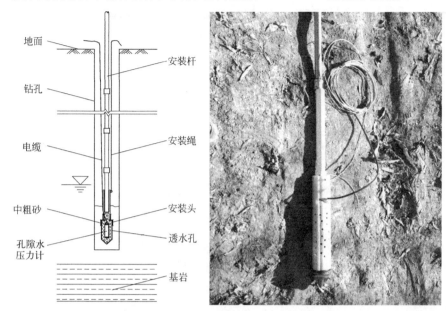

图 4.7   淤积软土中的孔隙水压力计埋设示意图

该装置的工作原理是：将孔隙水压力计放置在安装筒中心，四周由中粗砂填充，安装杆以活塞式插入安装筒后部的压腔内。当孔隙水压力计安装时，孔隙水压力计随安装杆逐节下放，向上提拉连接在安装筒上的安装绳，使安装筒、安装杆不分离，在钻孔中的缩口部分，钻机对安装杆施加下压力，使孔隙水压力计缓慢压至监测深度；然后，松开钢丝绳，逐节上提安装杆，使安装筒与安装杆分离。依此方法将钻孔内缩孔段的所有孔隙水压力计埋设完毕。

（2）探井埋设工艺

探井法适用于地下水位以上非饱和土中的土压力计埋设，孔隙水压力计的探井法埋设示意图见图 4.8，主要埋设步骤如下：

①测头安装：当填土施工至高出设计埋设高程约 0.5m 后，开挖埋设坑，将孔隙水压力计四周 10～15cm 范围内用中粗砂包裹，准确测量并记录其埋设高程，然后人工分层回填夯实，测量孔隙水压力计的初始测量值。

②电缆保护：在距孔隙水压力计埋设点约 0.8～1.0m 处开挖埋线探井，在埋设坑与埋线探井之间开挖深度约 0.5m 的走线槽，将电缆沿走线槽呈 S 形引入埋线探井之中，松弛长度一般为敷设长度的 5％～15％，当电缆数量较多时，每间隔 0.5～1.0m 集中成束绑扎一次。为方便下次向上引线，在埋线探井内留有电缆预留段，以同方向螺旋状放置在埋线探井中，余下电缆放入电缆袋置于预留

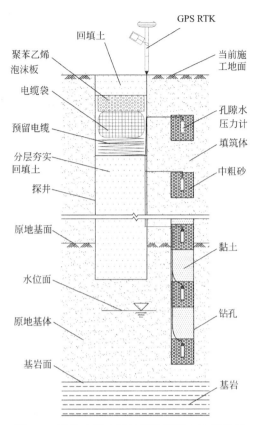

图 4.8　孔隙水压力计的探井埋设方法示意图

段的上部，采用 GNSS RTK 测定埋线探井及电缆袋的位置坐标，然后在电缆袋上部设置直径略小于探井、厚度为 15～20cm 的泡沫板作为缓冲层，最后向探井内回填厚度不少于 0.5m 土体至地面，而后正常进行填土施工。

　　③向上引线：为了提高埋设效率，一般选择在电缆袋上覆填土厚度为 5～10m 时，采用 GNSS RTK 精确定位上一次埋线探井的井口位置，然后采用机械洛阳铲竖直向下开挖引线探井。在达到埋线高程上部 0.3～0.5m 时，人工下井继续开挖找到电缆，在探井侧壁上开挖引线槽，将电缆引至当前填筑面上方。当需要在两次开挖引线过程中安装孔隙水压力计时，可在填土施工至高出下一孔隙水压力计埋设高程约 0.5m 时，根据上一次引线探井的井口坐标，将电缆临时埋至下一次拟开挖的引线探井旁，同时测定电缆埋设点的平面坐标和高程，以便于下次开挖引线探井时，从引线探井侧壁中相应深度处掏出观测电缆，与其他已埋设监测元件的电缆一起引至当前填筑地面。

　　④探井回填：采用开挖探井时挖出的土料，对探井分层回填夯实，探井预留约 0.8m 深度不回填，用于电缆的埋线与保护。

综上所述，通过上述方法循环施工，将孔隙水压力计逐个向上安装，可得到填筑施工全过程的孔隙水压力监测数据，同时保证了孔隙水压力计的成活率。

4.3.3　观测与资料整理

（1）孔隙水压力计埋设完毕后，待钻孔缩孔淤实和埋设引起的超孔隙水压力消散，测读孔隙水压力计连续数日直至获得稳定数值，同时应观测监测点附近的地下水位高程和沉降量。

（2）施工期观测：当土方每填筑 3～8m 时，开挖引线探井向上引孔隙水压力计电缆线至地面后，测读一次孔隙水压力值，同时应观测当前填筑面高程，用于计算上覆填土厚度和填土荷载。

（3）工后期观测：填筑施工完成后的 3 个月内，宜每半个月观测 1 次；3 个月至 1 年，宜每月观测 1 次；1 年后可每 2 至 3 个月观测 1 次；孔隙水压力值趋于稳定后，可减小观测频次。

（4）观测数据修正[13]：在黄土高填方场地饱和土层中，孔隙水压力计测得的总孔隙水压力 U 包括了两部分：静水压力 u_w 和由附加荷载引起的超静孔隙水压力 u。一般情况下可按式（4.1）计算超静孔隙水压力。

$$u = U - u_w \tag{4.1}$$

黄土高填方工程的孔隙水压力监测具有如下特点：一方面，在大厚度填土荷载作用下，土体产生压缩沉降，使孔隙水压力计测头的埋设位置下移；另一方面，土方填筑施工引起沟谷填方区的地形地貌和地质条件改变，地下水位也可能发生变化。上述情况均会引起静水压力的变化。因此，需要考虑土体压缩和地下水位变化对超静孔隙水压力的影响。孔隙水压力计测头因埋深和地下水位变化引起的孔隙水压力变化计算简图见图 4.9，计算方法如下：

$$\Delta u_{wt} = u_{wt} - u_{w0} \tag{4.2}$$
$$u_{wt} = \gamma_w (h_{wt} - h_t) \tag{4.3}$$
$$u_{w0} = \gamma_w (h_{w0} - h_0) \tag{4.4}$$
$$h_t = h_0 - \Delta s_t \tag{4.5}$$

式中，Δu_{wt} 为孔隙水压力计测头因埋深和地下水位变化而引起的孔隙水压力变化量，kPa；u_{w0}、u_{wt} 分别为填土施工加载前、后的静水压力值，kPa；γ_w 为水的重度，kN/m³；h_0、h_t 分别为填土施工加载前、加载后的孔隙水压力计埋设点高程，m；h_{w0}、h_{wt} 分别为填土施工加载前、后的地下水位高程，m，通过地下水位观测确定；Δs_t 为孔隙水压力计的下沉量，m，通过分层沉降观测确定。将式（4.3）～式（4.4）带入式（4.5）可得

$$\Delta u_{wt} = \gamma_w [(h_{wt} - h_{w0}) + \Delta s_t] \tag{4.6}$$

式（4.6）即为孔隙水压力计测头因埋深和地下水位变化引起的孔隙水压力变

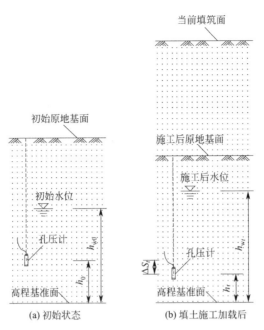

图 4.9　土体压缩和地下水位变化引起的孔压变化示意图

化值。例如，依托工程试验场地Ⅱ中监测点 JCSZ5-P 位于饱和土层中的一个测点高程为 1052.41m，实测地下水位高程的变化范围为 1055.81～1063.10m，考虑土层压缩和地下水位变化前后的孔隙水压力曲线如图 4.10 所示。

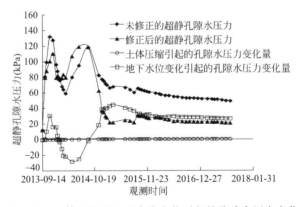

图 4.10　土体压缩和地下水位变化引起的孔隙水压力变化

图 4.10 中，地下水位变化引起的孔隙水压力变化值，负值表示水位下降，正值表示水位上升。在孔隙水压力观测时段内，孔隙水压力计测头的埋深变化引起的超静孔隙水压力变化值较小，该测点处最大影响值为 1.1kPa，而地下水位变化引起的超静孔隙水压力变化值较大，该测点处的最大影响值为 45.1kPa。由

此可知，通过对孔隙水压力计测头埋深处的沉降变形和地下水位进行观测，以确定实际静水压力值，可获得真实的超静孔隙水压力增长和消散规律。

（5）根据实测数据，绘制孔隙水压力（或超静孔隙水压力）-填土厚度（或填土荷载）-时间关系曲线，孔隙水压力增量与填土厚度增量（或荷载增量）关系曲线。

4.4　本章小结

（1）对黄土高填方工程中的土压力监测时，宜选用测量荷载类型为静土压力的静态式、外形为卧式、安装方式为埋入式、测量自由场土压力的双膜式、测量原理为振弦式的土压力计，考虑到局部土拱效应，最大量程可取 1.2～1.5 倍上覆土自重压力计算值，精度不宜低于 0.5%F.S，分辨力不宜低于 0.2%F.S。

（2）为提高黄土高填方土压力的观测精度，土压力计使用前需重新标定，为此设计了一套基于杠杆砝码加载原理，以标准砂为标定介质的土压力计标定装置，重新确定土压力计的标定系数。

（3）土压力计采用探井内埋设时，探井内外土体密实度差异会产生拱效应，导致测值不准，为此提出随填土施工同步的坑式埋设和电缆探井保护相结合的埋设工艺，可使上覆填土荷载可靠地传递至土压力计，保证观测准确性。

（4）对黄土高填方工程中的孔隙水压力监测时，孔隙水压力计宜选用振弦式或差动电阻式，量测上限值大于静水压力值与预估的超孔隙水压力值之和，宜为 100～200kPa，精度不宜低于 0.5%F.S，分辨率不宜低于 0.2%F.S。

（5）孔隙水压力计采用钻孔埋设、坑式埋设和探井引线相结合的埋设工艺，减少埋设过程对施工的干扰，提高成活率。此外，为解决谷底淤积土缩孔导致的难以安装就位问题，设计了压入式的孔隙水压力计安装装置。

（6）黄土高填方的土体压缩量大，地下水位变化引起孔隙水压力变化，当分析孔隙水压力消散规律或超静孔隙水压力分布模式时，应扣除因土体压缩和地下水位变化而引起的孔隙水压力变化值。

本章参考文献

[1]　刘宝有．电阻应变式土压力传感器的设计方法（一）[J]．传感器技术，1989（4）：1-6.
[2]　娄炎，何宁．地基处理监测技术[M]．北京：中国建筑工业出版社，2015：200-203.
[3]　中华人民共和国水利部．岩土工程仪器 土压力计：GB/T 23872—2009[S]．北京：中国标准出版社，2009.
[4]　中华人民共和国国家发展和改革委员会．土石坝监测仪器系列型谱：DL/T 947—2005

［S］. 北京：中国电力出版社，2005.

［5］ 刘晓曦，王旭，刘一通．振弦式土压力传感器温度敏感性试验研究［J］. 仪表技术与传感器，2009（1）：6-8.

［6］ 储海宁，潘普南，王年祥，等．用于差动电阻式传感器的高精度自动测量和数据处理系统［J］. 水电自动化与大坝监测，1987（2）：33-40.

［7］ 万云，周引穗，梁举，等．薄膜电阻应变式压力传感器的研制［J］. 西北大学学报（自然科学版），2004，2（1）：1-8.

［8］ 王德盛．电感调频式压力传感器：适合于微机应用的数字型传感器［J］. 微型机与应用，1993（12）：27-30＋33.

［9］ 徐科军，马修水，李晓林，等．传感器与检测技术［M］. 4版．北京：电子工业出版社，2016.

［10］ 中华人民共和国水利部．岩土工程仪器基本参数及通用技术条件：GB/T 15406—2007［S］. 北京：中国标准出版社，2007.

［11］ 中华人民共和国国家标准编写组．土工试验仪器岩土工程仪器 振弦式传感器通用技术条件：GB/T 13606—2007［S］. 北京：中国标准出版社，2007.

［12］ 中国工程建设标准化协会．地下水原位测试规程：T/CECS 55—2020［S］. 北京：中国计划出版社，2021.

［13］ 于永堂，郑建国，张继文，等．黄土高填方场地孔隙水压力的变化规律［J］. 土木与环境工程学报（中英文），2021，43（6）：10-16.

第5章 黄土高填方工程地下水监测技术

5.1 概述

黄土高填方工程的水文地质条件比较复杂，挖填施工前地下水补给来源为大气降水，以泉水溢出、蒸发及人工开采等方式排泄，自周边分水岭地带顺地势向沟谷径流汇集，转化为地表径流排泄于区外。挖填施工后，地形地貌发生变化，不可避免地会阻塞原有排水通道，引起地下水补给、径流和排泄条件改变。工程上通过设置排水盲沟疏排地下水，设置排水沟渠疏排地表水，通过"地下排水""地表减源"相结合控制地下水的稳定。若排水的问题处理不好，导致地表水渗入地下、地下水上升，一方面会使地基土浸水湿陷，引起地面开裂沉陷；另一方面，会使土的抗剪强度降低，甚至产生渗水压力，诱发边坡失稳滑塌。因此，准确观测地下水位、盲沟水流量和土中水分的迁移变化，对评价排水设施有效性、评估黄土高填方工程的变形与稳定状态至关重要。本章介绍了黄土高填方工程地下水位、盲沟水流量、土体含水率监测设备（仪器）的选择、安装埋设、观测与资料整理分析方法等。

5.2 地下水位监测

在黄土高填方工程中，原地基常见的地下水赋存类型包括第四系冲洪积及淤积层孔隙水、黄土层孔隙潜水和风化壳基岩裂隙水等。挖填造地会引起地下水环境发生变化，需要采取合理可靠的工程措施加以控制，确保地下水的持续稳定。以延安新区黄土高填方工程为例，为了向工程场区外疏排地下水，在沟谷上游的各支沟铺设碎石层或涵管，将各支沟土层中的孔隙水先引至支盲沟和次盲沟，最后汇入主盲沟；沟谷中下游在沟底开挖沟槽至基岩中风化岩层，铺设碎石层或涵管，将土层孔隙水和风化壳基岩裂隙水等引至主盲沟向外疏排。为准确全面了解地下水疏排情况，分析地下水位变化与降水量关系，判断盲沟排水效果，工程上对地下水位监测提出以下要求：一是要全面获得基岩面以上土层内的地下水位变化；二是要对施工期和工后期的地下水位全过程监测；三是能实现人工监测与自动化监测相结合，便于长期安全监测和快速预警。

5.2.1 监测设备的选用

地下水位监测设备主要包括两部分：一是设置在监测地层中水位孔；二是用于观测地下水位的水位计。黄土高填方工程的地下水位观测具有如下特点：一是水位孔深度大、地下水位埋深大；二是水位管上的透水孔易被堵塞、管底易沉淀泥浆；三是观测历时长，贯穿施工期和工后期。

（1）水位孔

常见的水位孔结构见图 5.1。水位管的上部为实管段、中部为滤管段和下部为沉淀管段，其中滤管段带有透水孔，管外部包扎土工布，沉淀管段用于沉积滤管段渗入的少量细颗粒土。

由于水位孔深度大，干钻方式难以钻进，为保证孔壁稳定，常采用泥浆护壁工艺，成孔后会残留较多泥浆，容易导致水位管透水孔被泥浆堵塞或孔底沉淀过多的泥浆，为此，笔者团队在现有水位孔结构的基础上，设计了一种预充填滤料的水位管（图 5.2），该新型水位管是在滤管段设置了内层、中层和外层共三层滤管。外层滤管外壁包裹土工布，外层滤管与中层滤管之间充填细滤料（粒径 $d=0.25\sim1.00\text{mm}$），中层滤管与内层滤管之间填充粗滤料（粒径 $d=1.0\sim5.0\text{mm}$），内层滤

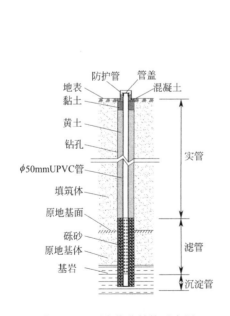

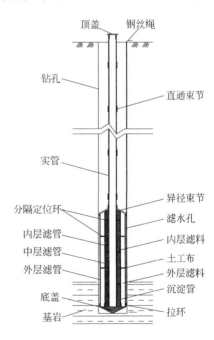

图 5.1 地下水位孔结构示意图   图 5.2 新型地下水位管构造示意图

管的下端与沉淀管连接，内层滤管的上端与实管连接，内层滤料和外层滤料内设置有分隔定位环，内层滤管、中层滤管和外层滤管上均设置有透水孔，通过土工布、外层细滤料、内层粗滤料形成反滤层，进而解决传统水位孔因滤管段与孔壁之间滤料填充不良、过滤效果差等导致的水位孔内沉淀泥浆过多、无法测量水位等问题。

（2）水位计

常见的水位计包括测盅、悬锤式水位计（又称为钢尺水位计）、压力式水位计和浮子式水位计等，各类型水位计的特点与适用条件如下：

1）测盅：观测深度较浅、精度较低，且无正规产品，仅适合较浅水位的临时粗略观测，不适合较深水位的长期观测。

2）悬锤式水位计：便于携带、观测精度较高，适用于施工期和工后期的地下水位埋深与变幅的观测，但该仪器需要人工观测，劳动强度较高。

3）压力式水位计：灵敏度高、性能稳定，适用于施工期和工后期的地下水位观测，易实现地下水位的自动化连续观测，但观测结果易受水温和水中泥砂含量的影响。

4）浮子式水位计：结构简单、可靠，便于操作维护，观测精度较高，但对水位孔的孔径有要求（孔径需满足浮子尺寸要求，一般不小于10cm，小浮子感应水位变化的灵敏度较差），当水位孔的倾斜较大、地下水位埋深较大、悬索长，会影响地下水位的感应灵敏度。

根据黄土高填方工程的地下水赋存特点，结合工程各阶段监测需求，采取相应的监测方式：当采取人工监测时，宜选用悬锤式水位计（图5.3）；当采取自动化监测时，宜采用压力式水位计（图5.4）。

图5.3　悬锤式水位计

图 5.4　压力式水位计

5.2.2　监测设备的埋设

（1）水位管制作

水位管常采用聚氯乙烯管，常规水位管的管径一般为 50～100mm。滤管段的开孔率为 10%～15%，透水管上孔眼直径为 4～6mm，呈梅花状均匀分布。滤管外包无纺土工布，土工布的渗透系数宜在 10^{-3}～10^{-1}cm/s。

（2）水位管埋设

①水位孔钻探：水位管埋设孔采用钻机成孔，钻孔直径宜大于水位管直径 60～80mm，孔底入岩 1.0～2.0m。当钻孔终孔后，需要将孔内沉渣和泥浆清理干净。

②水位管安装：首先将水位管逐段连接放入孔中心，沉淀管段位于最下部，底端采用管帽封闭，长度与钻孔入岩深度相同；接着将滤管段与沉淀管段连接，长度除满足含水层厚度外，滤管段自地下水位面以上长度额外增加 10～15m，作为预留水位上升监测段；然后将实管段与滤管段连接，直至引至地面以上；最后将滤管段以下部分用中粗砂作为反滤料回填，将实管段用膨润土球或高崩解性黏土球回填，距地面下 1.0～2.0m 范围内应采用黏土、水泥土或 3∶7 灰土夯实回填，地面上预留 0.5～1.0m 管段。

（3）当需要观测施工期水位时，在原地基处理完后、填筑体施工前，按照前述方法安装水位管，随土方填筑施工，采用探井向上逐段接长水位管，施工方法与前文第 3.2.2 节分层沉降管的引管方法类似，此处不再赘述。

5.2.3　观测与资料整理

（1）参照行业标准《地下水监测规范》SL 183—2005[1]，人工监测水位应测量两次，间隔时间不应小于 1min，最终的水位深度取两次测量值的平均值，两次测量允许偏差为±2cm。当两次测量的偏差超过±2cm，应重复测量；当采用压力式水位计观测地下水位时，允许精度误差为±1cm。

（2）施工期观测：每次随填筑施工向上引水位管时观测 1 次地下水位，同时观测水位管的管口高程；临时停工期间，宜每半个月观测 1 次地下水位，当地下水位变化较小时，可以逐步减小观测频率，反之则增大观测频率。

（3）工后期观测：前 3 个月内，宜每半个月观测 1 次；3 个月至 1 年，宜每月观测 1 次；1 年后，宜每 2～3 个月观测 1 次；雨期应提高观测频率。

（4）水位管偏斜引起水位测量误差的修正方法：当采用悬锤式水位计法测量地下水位时，普遍做法是假定水位管竖直，但在实际工程中，经常会发生水位管偏斜的情况。例如，当进行水位管埋设孔钻探时，若钻探设备安装不平整、开孔钻具弯曲、钻具与孔壁间隙过大，或者遇到水平向土层软硬不均、地层软硬频繁变化、岩层倾斜角度大等情况时，极易发生钻孔偏斜的情况，这时安装在该钻孔中的水位管也会发生偏斜；又如，当水位管设置在高边坡等易发生较大水平位移的地质体中时，地质体在不同深度的水平位移量不同，也会导致水位管发生偏斜。当上述情况发生后，若不考虑水位管偏斜对水位观测结果的影响，必然会导致地下水位观测值严重偏离真实值。为了在水位管发生偏斜时，仍能获得准确的地下水位测量结果，笔者团队提出了一种水位管偏斜引起水位测量误差的修正方法，主要测量装置包括设置在监测场地中带有十字导槽的水位管、用于测量水位具有扶正导向结构的悬锤式水位计和用于测试水位管偏斜量的滑动式测斜仪。

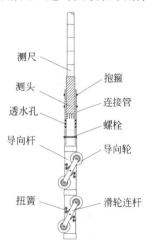

图 5.5　悬锤式水位计的
扶正导向装置

1）水位管参照前文第 5.2.1 节介绍的结构形式，采用塑料或铝合金材质的测斜管加工，管内圆周有两组呈十字形布设的导槽。

2）悬锤式水位计探头通过连接管与扶正导向装置连接成一体。扶正导向装置（图 5.5）由导向轮、导向杆、连接管等组成，具体构造如下：导向轮直径为 3cm，通过转动轴与连接杆连接，通过扭簧使导向轮撑开，两转动轴之间的距离为 25cm；导向杆为圆柱实心金属材质，直径为 3cm，长度为 50cm；连接管采用 PP-R 管加工，上端通过抱箍与水位计探头顶端连接，下端通过螺栓与扶正导向装置连接，中间空腔段带有通水孔，水位计探头的顶端与通水孔的顶部齐平。

水位孔偏斜引起的水位测量误差修正原理如图5.6所示。当采用悬锤式水位计进行地下水位测量时，扶正导向装置上、下导向轮分别沿水位管中的导槽带动水位计探头下落，此时水位计探头的轴线与水位管轴线重合，当水位计探头检测到水位信号时，停止下落，并记录所述钢尺电缆上相对于管口的读数，即钢尺电缆上的刻度为修正前的地下水位观测值 S。水位测量完毕后先将水位计拉出，再将滑动式测斜仪的探头按照预先设定的测量步距 L（L 一般可取 0.5m 或 1.0m，测斜仪电缆线上带有标距），沿水位管内部十字导槽下放，直至地下水位面在最后一次测量步距范围内，在测斜仪下降过程中，测斜仪探头轴线与水位管的轴线始终重合，每次下放测量步距 L 时，均对该深度处的水位管偏移量进行测量，第 i 次（$i=1$，2，3，…，n）下放测量步距 L 时的水平偏移量为 δ_i，下放次数 n 取整为：

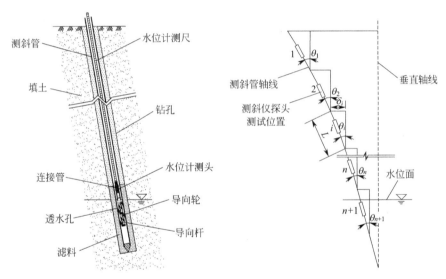

图5.6 水位管偏移引起的水位测量误差修正原理

$$n = \text{int}(S/L) \tag{5.1}$$

测斜仪探头第 i 次下放测量步距 L 时，测斜仪探头相对于垂直轴线方向的偏移角 θ_i 为：

$$\theta_i = \arcsin(\delta_i/L) \tag{5.2}$$

测斜仪探头最后一次下放测距为 $S-n \times L$ 时，测斜仪探头偏移垂直轴线方向的偏移角 θ_{n+1} 为：

$$\theta_{n+1} = \arcsin[\delta_{n+1}/(S-n \times L)] \tag{5.3}$$

根据地下水位观测值 S，测斜仪的下降次数 n，测斜仪第 i 次下降 L 位移时，偏移垂直方向的偏移角 θ_i 和测斜仪最后一次下降（$S-n\times L$）位移时偏移垂直方向的偏移角 θ_{n+1}，可得到地下水位修正值 S' 为：

$$S'=L\cos\theta_1+L\cos\theta_2+\cdots+L\cos\theta_n+(S-n\times L)\cos\theta_{n+1} \qquad (5.4)$$

在依托工程沟口处的锁口坝边坡设置地下水位监测点 SW1，在同一水位管内分别进行地下水位和水平位移测量。监测点 SW1 的水位管埋深约 82.0m，其中填筑体厚度约 75.0m，原地基厚度约 7.0m（管底入岩深度约 2.0m）。由图 5.7 可知，水位管偏斜产生了较大的水平偏移量，管口与管底之间最大水平偏移量达 1.801m，深度方向的偏移角变化范围为 $0.4°\sim1.8°$，水位管偏斜必然引起水位测量误差。本次采用前述水位修正方法对地下水位测量值进行修正，修正前后的地下水位观测结果如图 5.8 所示。修正前的实测水位深度为 $78.52\sim79.95$m，修正后的地下水位深度范围为 $77.96\sim79.35$m，修正前后的水位测量值相差 $0.54\sim0.60$m。

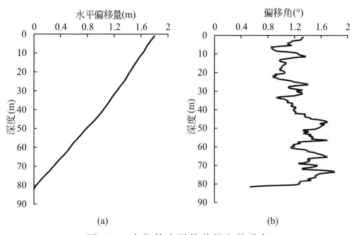

图 5.7　水位管水平偏移量和偏移角

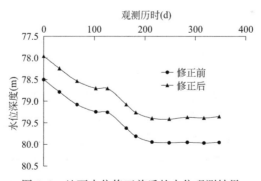

图 5.8　地下水位修正前后的水位观测结果

（5）根据地下水位观测数据，绘制地下水位-时间关系曲线、监测断面的地下水位线图；当地下水位监测点较多时，还可绘制等水位线图。

5.3 盲沟水流量监测

5.3.1 监测设备的选用

在黄土高填方工程中，通常会根据原始地形和天然水系，按地表汇水面积和流量设置主次盲沟，在汇水面积和流量大的主要大冲沟（主沟）沟底处设置主盲沟，在小冲沟（支沟）沟底处设置次盲沟，结合地形、泉眼出露和渗流情况设置支盲沟，次盲沟与主盲沟相连，支盲沟与主盲沟或次盲沟相连，将沟底的地表水、出露泉等以树枝状有机连通，最后由主盲沟沟口排出区外，为此，将盲沟水流量监测点设置在盲沟出水口处。参考现行标准《土石坝安全监测技术规范》SL 551—2012[2]、《水环境监测规范》SL 219—2013[3] 和《水工建筑物与堰槽测流规范》SL 537—2011[4] 的规定，结合盲沟水流量大小和汇集条件选择以下测量方法：

①当流量小于 1L/s 时，宜采用容积法；

②当流量在 1～300L/s 时，宜采用量水堰法；

③当流量大于 300L/s 或受落差限制等原因难以设置水堰时，将水引入排水沟中，采用测流速法。

（1）容积法

容积法是将盲沟排水纳入已知容量的容器中，测定其充满容器所需要的时间，从而计算水流量。一般采用秒表计时，采用量杯或量筒来记录体积，充水时间不得小于 10s，平行两次测量的流量差不应大于均值的 5%，取其平均值。本方法简单易行，测量精度较高，适用于计量流量较小的连续或间歇排水的水流量测量。

（2）量水堰法

量水堰法属于水力学法测流，通过在盲沟口设置的集水沟直线段上设置一定形态缺口（过水断面）的量水堰，水流由缺口通过时具有锐缘堰流的性质，在无压稳定自由出流下测得堰顶水位，然后运用相应的量水堰流量计算公式或事先绘制好的水位－流量关系图表得到水流量。该方法具有设备（装置）制造简单、装设容易和造价较低的优点，适用于具有安装条件且具有足够落差的渠道，当安装液位计后可实现连续自动化监测。根据缺口的形状，常用的量水堰可分为三角形堰、梯形堰和矩形堰等，量水堰的形式和加工制作要求见图 5.9，量水堰的适用范围和尺寸要求见表 5.1，其中三角形堰通常采用堰顶夹角 90°的直角三角形堰。堰板宜采用不锈钢制作，堰口下游宜做成 45° 斜角，其中堰口高的一面应为上游侧。

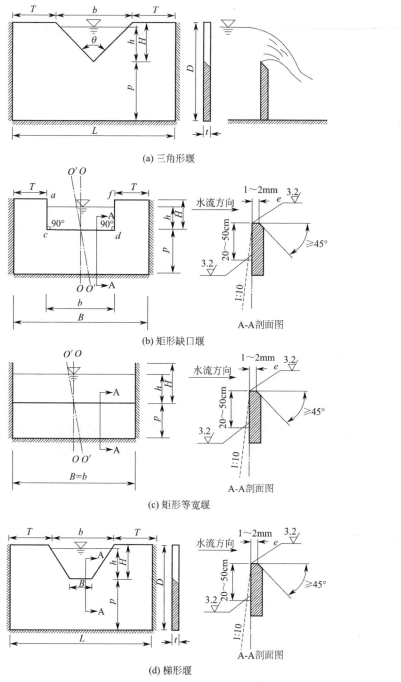

(a) 三角形堰

(b) 矩形缺口堰

(c) 矩形等宽堰

(d) 梯形堰

图 5.9　常见的量水堰类型及加工要求[5]

常用量水堰的适用范围和尺寸要求[6-7]　　　　　　　表 5.1

类型	适宜测流量范围 Q(L/s)	水流量计算工况	水流量计算公式	适用范围
直角三角形堰	1~70	自由流,尺寸符合规范中对直角三角堰结构尺寸的要求,且最小堰上水头 $h>0.06$m,流量系数为 0.593	$Q=1.343h^{2.47}$	槛高 $p\geqslant2h$ 堰槽宽 $L\geqslant(3\sim4)h$
梯形堰	10~300	自由流,尺寸符合规范中对梯形堰结构尺寸的要求,且梯形堰口侧边与铅垂线的夹角 $\alpha=14.036°$ ($\tan\alpha=1/4$)	$Q=1.856Bh^{3/2}$	堰口下底宽 B:0.25m $\leqslant B\leqslant1.5$m 堰上水头 h:0.083m$\leqslant h\leqslant0.5$m 槛高 p:0.083m$\leqslant p\leqslant0.5$m
矩形堰	>50	自由流,尺寸符合规范中对矩形堰结构尺寸的要求,且堰口宽度 $b\geqslant0.15$m	$Q=m_0b\sqrt{2g}h^{3/2}$	①等宽堰(无侧收缩):雷卜克公式 $m_0=0.407+0.0533h/p$;$0<h/p<6$ ②缺口堰(有侧收缩):巴赞公式:$m_0=[0.405+0.0027/h-0.03(B-b)/B]\cdot[1+0.55(b/B)^2\cdot h^2/(h+p)^2]$ $p\geqslant0.5h$;$b>0.15$m;$p>0.10$m

（3）测流速法

测流速法包括浮标测流法或流速仪测流法。浮标测流法是一种粗略简便的测流方法，根据观测浮标漂移速度，测量水道横断面，以此来估算断面流量。流速仪分为转子式、电磁式和超声波式等类型。目前国内应用较多的是转子式流速仪，主要由感应水流的旋转器、记录信号的计数器和保持仪器正对水流的尾翼等组成，分为旋桨式和旋杯式两种，前者适合高流速测量，后者适合中、低流速测量。测流速法的测量原理是：当水流作用到仪器的感应元件旋桨（旋杯）时，旋桨（旋杯）即产生回转运动，根据旋桨（旋杯）每秒转数与流速的关系，便可计算出测点的流速。该方法不适合流速过高或过低、水深小于设备测试所必要的水深或水位涨落差较大等情况。盲沟水流量的测点可设置盲沟口下游，与盲沟相接的排水渠道内，平行两次流量测值之差不应大于均值的 10%。

5.3.2　监测设备的安装

（1）量水堰法

量水堰的安装结构如图 5.10 所示，量水堰的安装应满足以下要求[6]：

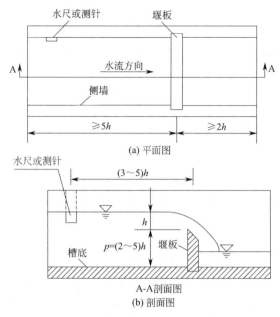

图 5.10　量水堰的安装结构示意图

1）量水堰设置在盲沟口排水沟直线段，堰身采用矩形断面，堰板与堰槽两侧墙体和水流向垂直，堰口水流形态应为自由式。

2）安装时应控制堰板顶部水平，两侧水平高差不应大于 1mm；堰板应铅直，铅直度偏差不应大于 1°；堰板应为平面，局部不平整度不应大于 3mm；堰板应与堰槽侧墙垂直，垂直度偏差不应大于 2°。

3）堰槽段的尺寸与堰板的相对关系应满足下列要求：堰槽段长度应大于堰上水头 H 的 7 倍，且不应小于 2m。其中，堰板上游段长度应大于堰上水头 H 的 5 倍，且不应小于 1.5m；下游段长度应大于堰上水头 H 的 2 倍，且不应小于 0.5m。堰槽宽度不应小于堰口最大水面宽度的 3 倍。

4）堰槽两侧侧墙应平行，平行度偏差不应大于 1°，侧墙铅直度偏差不应大于 1°，侧墙前面不平整度不应大于 3mm，直线度偏差不应大于 5mm。侧墙面与堰槽底面的垂直度偏差不应大于 2°，槽底面沿槽纵向坡降不应大于 1%。

5）水尺或测针装置应设置在堰上水头 H 的 3～5 倍处。

（2）测流速法

当盲沟排水量较大时，在盲沟出水口下游设置排水沟槽，将水汇集到规则平直且断面一致的排水沟槽内，沟槽底部须硬质平滑，保持一定的纵向坡度，不受其他客水干扰。测量断面设置在垂直流向方向，当采用多点法时，应沿测量断面在若干测深垂线上用流速仪测量流速。

关于沟槽的截面和尺寸要求，不同规范的规定存在一定差异，其中《土石坝安全监测技术规范》SL 551—2012[2] 要求测速沟槽的长度为不小于 15m 的直线段，断面一致，并保持一定的纵坡；《地表水和污水监测技术规范》HJ/T 91—2002[8] 要求排污截面底部硬质平滑，截面形状为规则几何形，排污口处须有 3~5m 的平直过流水段，且水位高度不小于 0.1m。因此，为获得可靠的盲沟水流量观测结果，宜参照规范要求，在盲沟下游专门设置测流槽。

5.3.3 观测与资料整理

（1）量水堰法

1）现场测量：测读堰上的水尺或测针设在堰口上游 3~5 倍堰上水头处，测量时水尺或测针应铅直，其零点高程与堰口高程差不应大于 1mm。必要时可在水尺或测量仪器上游设栅栏稳流或设置连通管量测。水尺的读数应精确至 1mm，测针的水位读数应精确到 0.1mm。堰上水头两次观测值之差不应大于 1mm。每次观测时，宜同时记录工程场地的地下水位。

2）流量计算：根据实测水头和堰槽尺寸等数据，运用相应的量水堰流量计算公式或事先绘制好的水位-流量关系图表得到水流量。

（2）流速仪法

1）现场测量：测速点在每条测深垂线上，当测量段的截面底部为硬质平滑，截面形状为规则几何形（梯形、矩形）可采用一点法；若直接采用天然沟渠，可根据水深和宽度采用多点法。测量时应选用符合精度要求的流速仪，选择排水渠道的顺直段，垂直流向设置断面，多点法应沿断面在若干测深垂线上测量垂线的起点距和水深，取得断面资料，在测深垂线上用流速仪测流速。当采用流速仪法进行流速测量时，两次流量测量值之差不应大于均值的 10%。

2）流量计算：断面流量计算一般采用平均分割法，计算简图如图 5.11 所示，部分流量 q_i 等于部分面积 f_i 与部分平均流速 v_i 的乘积，全部部分流量 q_i 相加之和即为断面流量 Q。具体计算步骤如下：

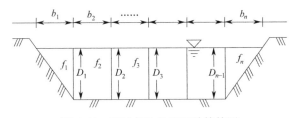

图 5.11　流速仪法的流量计算简图

①计算测点流速：根据测得的转数和历时，计算测点流速。

②计算垂线平均流速：根据实测情况，按垂线平均流速的计算方法，求出各测线的垂线平均流速：v_{m1}、v_{m2}，$\cdots$，$v_{m(n-1)}$。

③计算部分平均流速。部分平均流速就是相邻两条测线的垂线平均流速的平均值 ($i=2,3,\cdots,n-1$):

$$v_i = 0.5(v_{m(i-1)} + v_{mi}) \tag{5.5}$$

水边部分平均流速 (v_1 或 v_n),等于近岸测线的垂线平均流速 (v_{m1}、$v_{m(n-1)}$) 乘以岸边流速系数 α:

$$v_1 = \alpha v_{m1} \tag{5.6}$$
$$v_n = \alpha v_{m(n-1)} \tag{5.7}$$

岸边流速系数 α 与渠道的断面形状、渠岸的糙率、水流条件等有关,其值可以通过实测确定。

④计算部分面积。由相邻两条测线处水深的平均值乘以测线间距得到部分面积 f_i:

$$f_i = 0.5(D_{i-1} + D_i)b_i \tag{5.8}$$

两水边的部分面积为:

$$f_1 = 0.5D_1 b_1 \tag{5.9}$$
$$f_n = 0.5D_{n-1} b_n \tag{5.10}$$

⑤计算部分流量。由每块部分面积乘以该面积上对应的部分平均流速即得部分流量。设各个部分流量为:q_1、q_2、q_3、$\cdots$、q_n,则:

$$q_i = v_i \times f_i \tag{5.11}$$

⑥计算断面流量。各个部分流量之和即为断面流量 Q:

$$Q = \sum q_i \tag{5.12}$$

(3)盲沟水流量的观测要求:①施工期观测:宜每周观测 1 次,雨期期间,应适当提高监测频率;②工后期观测:填筑施工完成后的 3 个月内,每半个月观测 1 次;3 个月至 1 年,每月观测 1 次;1 年后可每 2~3 个月观测 1 次;若监测数据变化较大,应加大监测频率,反之则减小监测频率;雨期期间,应适当加大高监测频率。

(4)根据实测水流量数据,绘制水流量-时间关系曲线。当有降水量资料时,可绘制水流量-降水量-时间关系曲线;当有地下水位资料时,可绘制水流量-地下水位-时间关系曲线。

5.4　土体含水率监测

5.4.1　监测仪器的选用

土体含水率的监测方法较多,测试原理和方法、测试精度和范围、适用对象及成本等均不相同。目前含水率测试方法大致分为三大类[9-17]:

①第一类是基于质量法原理的烘干法、酒精烧法、微波炉法和红外线法等，试验时需要到现场取样，该方法属于有损检测，考虑到黄土高填方的土层厚度大，取样较为困难，无法快速、连续、实时动态观测；

②第二类是定点测量法，如介电法、射线法、电阻法和张力计法，这些方法操作简便，可满足快速、连续和长期监测要求，监测时需要将监测仪器（元件）安装埋设至监测土层内部；

③第三类是适用于大尺度范围的土体含水率测定方法，目前普遍使用的是探地雷达和遥感法，该方法的测量结果受土的理化性质、成分组成及结构、测试环境等多因素影响，测量精度不高。

黄土高填方的含水率监测除满足准确、经济的基本需求外，尚需满足快速、安全、无损、定点、连续和长期监测要求，因此宜采用第二类定点测量法中的介电法。介电法是根据土的三相介质组成中，水的介电常数（$\varepsilon_w \approx 80$）远远大于空气（$\varepsilon_a \approx 1$）和固体土颗粒（$\varepsilon_s \approx 4$），处于主导地位的特殊性质[18-20]，建立介电常数与土的体积含水率之间的定量经验关系，从而实现对土的体积含水率测量。基于介电法原理的水分计可分为直接接触的探针式和非接触的探管式两种，探针式属于"点测式"，可用于深层或浅层土体含水率的定点测量；探管式属于"线测式"，主要用于浅层土体剖面含水率的滑动测量。在介电法原理的测试方法中，时域反射（TDR）法精度较高，但存在设备昂贵，为此在20世纪80年代后期，许多公司（如AquaSPY，Sentek. Delta-T，Decagon）和学者开始用比TDR法更为简单的频域反射（FDR）法、时域转输（TDT）法和驻波比（SWR）法等来测量土体的含水率，FDR法、TDT法和SWR法不仅比TDR法便宜，而且测量时间更短，在经过校准之后，测量精度可满足要求，可以多深度同时测量，数据采集实现较容易。

5.4.2 监测仪器的标定

目前工程中应用较多的是基于介电法原理的探针式水分计，高频波的发射和测量在传感器中完成，传感器中的内置电路将介电常数的变化转换模拟电压信号输出，需要通过建立输出电压信号与土的体积含水率之间的数学关系，实现对土体积含水率的精确测量。因此，介电法测量结果除与土体含水率有关外，还与温度、土质（如有机质含量、含盐量、黏粒含量和矿物成分等）和干密度等因素有关，为了获得高精度测量结果必须对水分计进行标定，现将标定方法及标定结果介绍如下[21]：

（1）探针式水分计的标定方法

水分计的标定分为现场标定和室内标定两部分。标定时，将水分计探针插入原土层中或制备好的重塑土样中，每组进行3个平行标定试验，取其平均值作为测量结果。标定试验过程测定土体的湿密度和烘干法质量含水率，并由下式换算为烘干法体积含水率 θ_w：

$$\theta_w = \frac{\rho}{\rho_w} \cdot \frac{w}{1+w} = \frac{\rho_d w}{\rho_w} \qquad (5.13)$$

式中，ρ 为湿密度（g/cm^3）；ρ_d 为干密度（g/cm^3）；ρ_w 为水的密度（g/cm^3）；w 为质量含水率（%）。

1）现场标定：当进行现场标定试验时，首先在现场开挖取土坑取原状土，采用烘干法测定土体的质量含水率（试验温度 105℃±2℃），采用环刀法测定土样密度。然后将水分计探针插入整平后的坑底土中，测定初始体积含水率，然后向坑中注水使土体浸润饱和，之后让取土坑中水分自然下渗和蒸发。开始阶段含水率降低较快，每间隔 2h 测试一次，同时在测点旁取土，采用烘干法测定质量含水率。随含水率降低速率的放缓，逐渐延长测试时间，直至含水率趋于稳定后结束试验。

2）室内标定：当进行室内标定试验时，制样前将扰动土样在自然状态下风干并敲碎，剔除杂物，过 2mm 筛后，测定土样含水率，根据干密度和含水率控制要求，配制试验所需含水率土料，土料经拌和、闷料、称重后，通过制样器将土料压入直径 $d=152mm$、高 $h=116mm$ 的圆柱形制样筒中，称量土样质量，计算土样湿密度。饱和试样在最优含水率下制备，连同制样筒一并浸水饱和。当含水率较低时，采用压样法制样困难，采取分层夯实的方法。测试时，将水分计探针插入土样形心。当土样硬度较小时，可直接插入；当土样硬度大，插入困难时，按照探针位置预先打孔，孔径和孔深略小于探针。测试完毕，拔出探针，在探针影响深度范围内取土并采用烘干法测定质量含水率。低含水率时，土样制备较困难，容易发生破碎或土颗粒散落等问题，同时探针插入过程会产生较多裂隙，影响测量结果。因此采用最优含水率下的土料制备土样，然后将水分计探针插入土样中，将土样在自然状态下风干，通过风干时间的长短来控制含水率大小，然后连同水分探头一同密封保存 1 周时间，最后采用水分计法和烘干法分别测定试样体积含水率。

（2）探针式水分计的标定实例

本次以探针式 SWR 水分计为例，该型仪器的输出信号为模拟电压信号，仪器内置了基于砂土试验数据建立的体积含水率与输出电压间的三次多项式静态数学模型。之前应用 SWR 水分计进行含水率监测时，直接采用该静态数据模型，不考虑干密度变化、土质差异等引起的含水率测试精度不高问题，为此，本次采用现场标定试验和室内标定试验相结合的方式对 SWR 水分计进行标定。

1）试验概况

现场标定试验及取土地点位于延安新区北区一期工程场区内，所取土样为 Q_3 黄土及古土壤。天然黄土的基本物理性质指标见表 5.2。由密度计法[22] 得到试验土样的颗分曲线如图 5.12 所示。试验黄土的不均匀系数 $C_u=10.6$，曲率系数 $C_c=2.0$。在室内采用重型击实试验测定 Q_3 黄土的最优含水率为 11.5%，最大干密度为 $1.86\mathrm{g/cm^3}$；Q_3 古土壤的最优含水率为 12.8%，最大干密度为 $1.92\mathrm{g/cm^3}$。

天然黄土的基本物理性质指标 表 5.2

土名	含水率 $w(\%)$	干密度 $\rho_d(\mathrm{g/cm^3})$	相对密度 G_s	孔隙比 e	塑性指数 I_P	液性指数 I_L	黏粒含量 $(<5\ \mu m)(\%)$
黄土（粉土）	12.3	1.49	2.70	0.81	9.4	-0.48	9
古土壤（粉质黏土）	18.7	1.71	2.71	0.58	10.5	-0.03	18

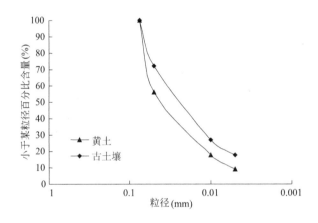

图 5.12　颗粒分析曲线

2）标定试验结果与分析

烘干法试验结果准确可靠，可作为 SWR 水分计标定试验的基准参考值。这里定义绝对误差 $\delta=|\theta_v-\theta_w|$，相对误差 $\delta_\theta=|(\theta_v-\theta_w)/\theta_w|\times100\%$，其中：$\theta_v$、$\theta_w$ 分别为 SWR 法和烘干法的体积含水率测量值。SWR 法与烘干法含水率测试结果（不包括古土壤）如表 5.3 所示。由表可知，SWR 法测量值普遍高于烘干法试验结果，SWR 水分计在不经室内重新标定的情况下，测试误差较大。当体积含水率 $0.0\%\leqslant\theta_w\leqslant46.3\%$，干密度 $1.08\mathrm{g/cm^3}\leqslant\rho_d\leqslant1.86\mathrm{g/cm^3}$ 时，SWR 法与烘干法的测量值绝对误差 δ 为 $0.7\%\sim14.8\%$，相对误差 δ_θ 为 $9.7\%\sim136.8\%$。θ_v-θ_w 关系曲线如图 5.13 所示。θ_v 和 θ_w 数据采用一元三次曲线拟合，相关性较好（$R^2=0.9526$），拟合公式为：

$$\theta_w=0.0002\theta_v^3-0.0053\theta_v^2+0.6167\theta_v+0.3539 \tag{5.14}$$

由图 5.13 可知，当含水率较低时，SWR 法与烘干法测量值较为接近；当含

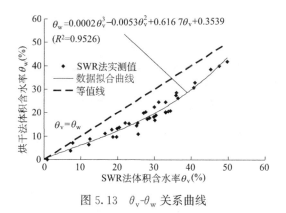

图 5.13　θ_v-θ_w 关系曲线

水率中等时，SWR 法测量值高于烘干法测量值；当含水率较高或接近饱和时，SWR 法测量值又具有向烘干法测量值接近的趋势。

①干密度对 SWR 法测量结果的影响

不同干密度下重塑黄土的 ρ_d/ρ_w-θ_v 关系曲线如图 5.14 所示。相同含水率条件下，SWR 法测量值 θ_v 与 ρ_d/ρ_w 呈线性增大关系。以质量含水率 $w=11.5\%$ 一组试验为例（试验编号：B13～B24），SWR 测量值 θ_v 明显高于烘干法 θ_w，SWR 法测量值随干密度增大而增大，增大值中包括了因干密度变化而引起的体积含水率理论增大值（$\theta_w=11.5\rho_d/\rho_w$）和 SWR 水分计测量误差两部分。前人的研究也表明，不同重度土在完全干燥下土体的介电常数是有差异的，土重度越大，则介电常数也越大[23]。这是因为在土体积含水率一定的情况下，密度增大，即固体颗粒增加，空气相应减少，因固体颗粒的介电常数大于空气的介电常数，使土的介电常数偏大，电磁波传播时间加长，测量的水分含量就会比实际的水分含量偏高，从而引起体积含水率测量值增大。图 5.14 中除含水率 $w=6.5\%$ 的试验曲线外，$w=10.0\%$～22.3% 五种含水率的拟合曲线近似平行。假设 SWR 法测量值 θ_v 与 ρ_d/ρ_w 满足线性关系式：

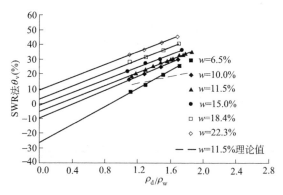

图 5.14　室内标定试验的 ρ_d/ρ_w-θ_v 关系曲线

$$\theta_v = a\rho_d/\rho_w + b \qquad\qquad (5.15)$$

SWR 法与烘干法对比试验结果　　　　表 5.3

含水率 $w(\%)$	试验编号	SWR 法 $\theta_v(\%)$	输出电压 信号 $U(mV)$	干密度 $\rho_d(g/cm^3)$	饱和度 $S_r(\%)$	烘干法 $\theta_w(\%)$	绝对误差 $\delta(\%)$	相对误差 $\delta_\theta(\%)$
0.0	B1	0.9	67.1	0.00	—	0.0	—	—
2.5	B2	7.2	401.7	1.49	8.4	3.8	3.4	89.5
4.3	B3	12.1	701.1	1.48	14.1	6.4	5.7	89.1
6.4	B4	18.7	902.5	1.51	21.0	9.7	9.0	92.8
6.5	B5	7.7	426.9	1.11	11.9	7.0	0.7	9.7
	B6	12.4	683.7	1.29	16.8	8.7	3.7	41.9
	B7	19.7	1040.4	1.51	22.1	9.7	10.0	102.4
	B8	25.6	1302.4	1.71	28.4	10.8	14.8	136.8
10.0	B9	16.5	922.7	1.09	18.5	11.0	5.5	50.1
	B10	19.9	1051.9	1.28	25.2	13.3	6.6	50.1
	B11	25.1	1268.6	1.49	32.2	14.5	10.6	73.6
	B12	30.2	1456.0	1.69	44.5	16.7	13.5	81.3
11.5	B13	18.5	985.0	1.13	21.8	12.7	5.8	45.7
	B14	20.5	1078.7	1.18	24.2	13.6	6.9	50.7
	B15	23.1	1186.7	1.29	29.3	15.3	7.8	51.0
	B16	25.5	1263.7	1.39	32.4	15.7	9.8	62.4
	B17	28.1	1382.0	1.48	38.0	17.2	10.9	63.4
	B18	28.7	1403.0	1.56	42.1	17.7	11.0	62.1
	B19	30.5	1465.5	1.63	47.6	18.9	11.6	61.4
	B20	29.8	1444.6	1.60	44.9	18.3	11.5	62.8
	B21	33.1	1553.7	1.76	58.4	20.4	12.7	62.3
	B22	33.8	1575.2	1.79	60.6	20.5	13.3	64.9
	B23	33.0	1549.5	1.71	54.9	20.0	13.0	65.0
	B24	34.4	1594.4	1.86	66.3	20.8	13.6	65.4
15.0	B25	22.1	1187.5	1.08	25.8	15.5	6.6	42.9
	B26	27.1	1348.0	1.29	38.1	19.9	7.2	36.3
	B27	30.0	1450.1	1.48	49.5	22.4	7.6	34.1
	B28	36.5	1657.0	1.74	73.8	26.2	10.3	39.3

续表

含水率 $w(\%)$	试验编号	SWR法 $\theta_v(\%)$	输出电压信号 $U(\text{mV})$	干密度 $\rho_d(\text{g/cm}^3)$	饱和度 $S_r(\%)$	烘干法 $\theta_w(\%)$	绝对误差 $\delta(\%)$	相对误差 $\delta_\theta(\%)$
18.4	B29	27.7	1388.1	1.11	34.6	20.4	7.3	35.6
	B30	31.2	1490.4	1.30	47.5	24.6	6.6	26.9
	B31	35.9	1639.6	1.51	62.5	27.5	8.4	30.7
	B32	40.7	1775.6	1.70	83.1	30.6	10.1	32.9
22.3	B33	33.0	1545.2	1.10	41.6	24.6	8.4	34.3
	B34	36.0	1627.7	1.29	54.7	28.6	7.4	25.8
	B35	41.0	1785.2	1.49	73.2	32.8	8.2	24.9
	B36	45.2	1892.6	1.69	100.0	38.6	6.6	17.0
26.8	B37	47.6	1952.4	1.49	89.0	39.9	7.7	19.3
28.2	B38	49.7	1993.9	1.48	92.5	41.8	7.9	18.9
31.3	B39	54.0	2079.0	1.48	100.0	46.3	7.7	16.6

拟合参数的确定如图 5.15 所示，采用线性回归拟合建立 a、b 值与含水率 w 间的关系式：

$$a=-0.1269w+23.847(R^2=0.6152) \qquad (5.16)$$
$$b=1.4421w-22.869(R^2=0.9911) \qquad (5.17)$$

$w=6.5\%\sim22.3\%$ 内 6 组试验的 a、b 值见表 5.4，相关系数 R^2 超过 0.98。将式 (5.16)、(5.17) 代入式 (5.15) 可得

不同含水率下的线性回归参数　　　　表 5.4

编号	质量含水率 $w(\%)$	斜率 a	截距 b	R^2
C1	6.5	30.341	−26.3040	0.9982
C2	10.0	23.212	−9.2856	0.9946
C3	11.5	21.948	−5.3493	0.9886
C4	15.0	21.369	−0.9595	0.9930
C5	18.4	21.805	3.1916	0.9949
C6	22.3	21.104	9.3850	0.9946

$$\theta_v=\frac{(-0.1269w+23.847)\rho_d}{\rho_w}+1.4421w-22.869 \qquad (5.18)$$

将式(5.13) 变换为 w 表达式，代入式(5.18) 可得

$$\theta_v=-0.1269\theta_w+\frac{23.847\rho_d}{\rho_w}+\frac{1.4421\theta_w\rho_w}{\rho_d}-22.869 \qquad (5.19)$$

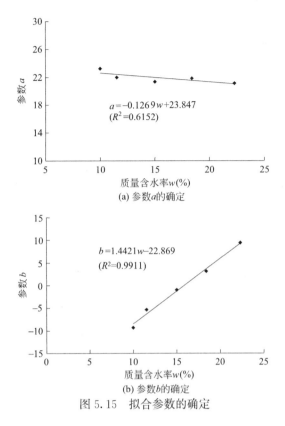

(a) 参数a的确定

(b) 参数b的确定

图 5.15　拟合参数的确定

将式(5.19) 整理后，得到考虑干密度影响的 SWR 法体积含水率修正模型：

$$\theta'_v = \theta_w = \frac{(\theta_v + 22.869)\rho_d\rho_w - 23.847\rho_d^2}{1.4421\rho_w^2 - 0.1269\rho_d\rho_w} \tag{5.20}$$

为验证该修正模型的可靠性，通过室内试验随机制备了 21 组黄土试样，采用修正模型[式(5.20)]对 SWR 法测量数据 θ_v 进行修正（取 $\rho_w = 1.0\text{g/cm}^3$），得到修正值 θ'_v，计算修正值 θ'_v 与烘干法 θ_w 的绝对误差 $\delta' = |\theta'_v - \theta_w|$。验证修正模型的试验结果如表 5.5 所示。由表可知，干密度 1.44 g/cm$^3 \leqslant \rho_d \leqslant 1.84$ g/cm^3，烘干法测定的体积含水率在 9.2% $\leqslant \theta_w \leqslant$ 39.9% 范围内变化时，SWR 法测量值修正后的绝对误差 δ' 在 2% 以内；当 39.9% $\leqslant \theta_w \leqslant$ 46.3% 时，修正后的绝对误差 δ' 在 3.0% 以内。与采用 SWR 水分传感器直接测定的体积含水率结果相比，测量精度有大幅度提高，表明该修正模型具有较好的可靠性。另外对表 5.5 中 SWR 法测试结果采用式 (5.14) 中的 θ_v-θ_w 三次曲线拟合关系式进行修正，两种修正方法的绝对误差散点对比如图 5.16 所示。由图可知，采用考虑干密度影响的修正模型对 SWR 法测量值的修正效果，总体上优于 θ_v-θ_w 回归分析曲线拟合公式法。

验证修正模型的试验数据　　　　　　　　　　　　　　表 5.5

试验编号	SWR 法 θ_v(%)	SWR 法修正值 $\theta_v{}'$(%)	输出电压信号 U(mV)	质量含水率 w(%)	干密度 ρ_d (g/cm³)	饱和度 S_r(%)	烘干法 θ_w(%)	修正后的绝对误差 δ'(%)
D1	18.7	8.3	902.5	6.4	1.44	21.0	9.2	0.9
D2	23.8	13.9	1182.7	8.6	1.45	27.0	12.5	1.4
D3	25.6	15.5	1244.3	9.9	1.48	32.2	14.7	0.8
D4	26.9	17.4	1336.9	10.8	1.46	34.5	15.8	1.6
D5	28.2	18.3	1385.3	11.3	1.50	38.4	17.0	1.3
D6	29.9	20.5	1444.7	12.8	1.49	42.7	19.1	1.4
D7	31.7	22.6	1506.1	14.7	1.49	49.1	22.0	0.6
D8	32.8	23.8	1542.5	15.9	1.50	53.9	23.9	0.1
D9	34.3	25.7	1590.4	17.5	1.49	58.3	26.1	0.4
D10	36.9	28.7	1666.9	19.3	1.51	65.9	29.1	0.4
D11	38.0	30.1	1706.3	20.4	1.50	69.3	30.7	0.6
D12	40.5	33.1	1770.5	21.9	1.48	72.3	32.5	0.6
D13	41.2	34.0	1804.5	22.3	1.48	73.3	33.1	0.9
D14	47.6	41.5	1952.4	26.8	1.49	89.0	39.9	1.6
D15	49.7	44.0	1993.9	28.2	1.48	92.5	41.8	2.2
D16	54.0	49.1	2079.0	31.3	1.48	100.0	46.3	2.8
D17	38.9	28.7	1727.5	16.4	1.75	81.5	28.7	0.0
D18	50.7	45.7	2010.4	23.3	1.61	92.4	46.3	0.6
D19	39.1	27.5	1732.2	14.14	1.84	81.7	26.0	1.5
D21	39.9	29.7	1756.5	15.19	1.78	81.5	27.8	2.0
D22	38.0	28.2	1706.3	16.89	1.70	77.8	28.8	0.6

②黄土结构性对 SWR 法测量结果的影响

在 Q_3 黄土场地中,随机选取 14 处含水率不同的原位试验点,并对其中 7 处试验点通过开挖试坑浸水增湿的方式改变土体含水率,进行 SWR 法现场标定试验,同时取土制备重塑土样,进行重塑土的 SWR 法室内标定试验。原状土的现场标定试验结果如表 5.6 所示。

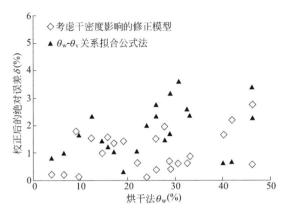

图 5.16 试验数据修正方法的比较

现场标定试验结果   表 5.6

试验编号	SWR 法 $\theta_{uv}(\%)$	SWR 法修正值 $\theta'_{uv}(\%)$	输出电压信号 $U(mV)$	质量含水率 $w(\%)$	干密度 ρ_d (g/cm^3)	饱和度 $S_r(\%)$	烘干法 $\theta_w(\%)$	修正后的绝对误差 $\delta'(\%)$
E1	23.1	13.5	1185.6	10.0	1.43	30.4	14.3	0.8
E2	26.6	17.2	1328.1	12.8	1.45	40.1	18.6	1.4
E3	26.4	17.5	1320.4	12.0	1.41	35.4	16.9	0.5
E4	28.5	19.2	1396.5	14.5	1.46	46.1	21.2	1.9
E5	23.8	12.3	1218.2	9.1	1.54	32.6	14.0	1.7
E6	38.9	30.7	1726.2	19.5	1.57	73.2	30.6	0.1
E7	27.2	16.5	1350.9	11.2	1.54	40.1	17.2	0.8
E8	26.4	17.5	1319.3	12.4	1.41	36.6	17.5	0.0
E9	22.4	11.6	1157.8	8.5	1.49	28.3	12.7	1.1
E10	37.2	29.3	1675.3	18.7	1.46	59.4	27.3	2.0
E11	45.5	39.1	1899.0	26.0	1.50	87.8	39.0	0.1
E12	45.1	38.6	1889.4	25.2	1.48	82.5	37.3	1.3
E13	25.6	15.2	1288.7	11.1	1.50	37.2	16.6	1.4
E14	29.8	21.1	1444.0	13.4	1.43	40.7	19.2	1.9

重塑土和原状土质量含水率 w 与 SWR 法体积含水率 θ_v 线性相关性较好，拟合曲线如下：

$$\theta_v = 1.3942w + 10.352 \quad (R^2 = 0.9816) \qquad (5.21)$$

$$\theta_v = 1.3892w + 10.297 \quad (R^2 = 0.9747) \qquad (5.22)$$

表 5.5 中重塑土的室内标定试验结果与表 5.6 中现场标定试验结果绘制的 $w\text{-}\theta_v$ 曲线如图 5.17 所示。由式(5.21)、式(5.22)可知，在相同质量含水率下，重塑土与原状土 SWR 法体积含水率测试值 θ_v 之差 $\eta = |0.005w + 0.055|$，当质量含水率在 $6.4\% \leqslant w \leqslant 31.3\%$ 范围内变化、干密度在 $1.41\mathrm{g/cm^3} \leqslant \rho_d \leqslant 1.57\mathrm{g/cm^3}$ 范围内变化时，重塑土与原状土的 $w\text{-}\theta_v$ 线性拟合曲线近乎重合，η 最大值仅为 0.2%，黄土结构性对 SWR 法测量结果影响不明显。当采用重塑土室内标定试验推导的修正公式(5.20)对现场 SWR 法测量结果进行修正时，绝对误差 δ' 值均不大于 2%，表明重塑土的标定试验结果对于原状土也具有较好的适用性。因此，在黄土场地上进行 SWR 水分计标定时可采用相同土质重塑土的室内标定试验代替现场标定试验。

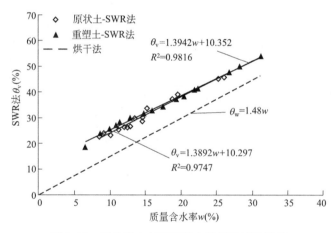

图 5.17　原状黄土与重塑黄土的标定试验结果

③土质差异对 SWR 法测量结果的影响

Q_3 古土壤重塑土样的室内标定试验结果如表 5.7 所示。Q_3 黄土与古土壤标定试验对比曲线如图 5.18 所示。相同含水率下，古土壤的测试误差明显高于黄土。黄土和古土壤的矿物组成基本一致，但组成矿物在含量和粒度上有所差异[24]。由颗粒分析曲线可知，取自同一剖面的古土壤颗粒比黄土细，且古土壤黏粒（$<0.005\mathrm{mm}$）含量约是黄土的 2 倍。因此，古土壤比黄土具有更大的比表面积，可吸附更多的结合水。土中黏粒含量增加，将提高土颗粒比表面积及结合态水含量，导致介电损失，介电常数增大[25-26]，引起 SWR 输出电压增大，

最终导致 SWR 法测试值偏大。不同土类间介电常数差异的土壤因子是导磁性[27]，黄土层和古土壤层化学组分含量方面，古土壤中 SiO_2、Al_2O_3、Fe_2O_3、K_2O、TiO_2 的含量比黄土层高[28]，土的磁导率随 Fe_2O_3 含量增加而呈上升趋势。固相土颗粒磁性矿物成分相对较高的古土壤其介电常数被高估，导致古土壤 SWR 法测量值及其误差均大于黄土。

Q_3 古土壤重塑土样的室内标定试验结果　　　　　表 5.7

试验编号	SWR法 θ_v(%)	输出电压 U(mV)	质量含水率 w(%)	干密度 ρ_d (g/cm³)	饱和度 S_r(%)	烘干法 θ_w(%)	绝对误差 δ(%)	相对误差 δ_θ(%)
F1	26.3	1314.4	7.8	1.49	25.2	11.5	14.8	128.7
F2	40.7	1775.3	13.6	1.49	45.1	20.3	20.4	100.5
F3	34.6	1601.4	11.3	1.48	36.7	16.6	18.0	108.4
F4	38.0	1700.1	12.2	1.48	39.9	18.0	20.0	111.1
F5	53.3	2035.4	17.1	1.50	55.2	25.2	28.1	111.5
F6	35.6	1 628.7	7.4	1.72	35.0	12.8	22.8	178.1
F7	47.7	1 955.1	11.7	1.74	57.3	20.4	27.3	133.8
F8	55.0	2 072.0	13.3	1.72	62.8	22.8	32.2	141.2
F9	73.8	2 239.7	17.9	1.75	89.0	31.4	42.4	135.0
F10	84.4	2 344.8	21.6	1.73	100.0	37.3	47.1	126.3
F11	88.3	2 383.4	23.1	1.71	100.0	39.5	48.8	123.5
F12	80.7	2 308.3	19.7	1.73	94.5	34.0	46.7	137.4

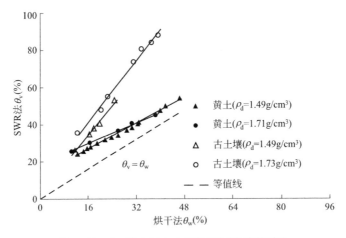

图 5.18　Q_3 黄土与古土壤标定试验结果对比

5.4.3　监测仪器的埋设

水分计宜采用探井埋设，当埋设深度较大时，开挖探井困难，也可采用钻孔埋设，主要步骤为：钻探水分计埋设孔，并在设计埋深处取土制成安装土样，安装土样的直径小于埋设孔孔径约 8cm；将测试元件探针插装在安装土样上部；待埋设孔回填至所埋设水分计的埋设位置处后，将固定有测试元件的安装土样吊放到位，再对埋设孔进行回填。具体埋设方法可详见文献［29］。当采用探井埋设时，埋设步骤分为开挖探井、取样测试、埋设探头、回填探井和安装采集传输设备等，具体内容如下：

（1）开挖探井：在监测场地中采用机械洛阳铲开挖探井，为便于人工下井安装传感器，探井直径不小于 50cm。

（2）取样测试：根据设计安装位置，在探井侧壁上每一监测点处取原状土样，测定土样的密度和含水率。

（3）埋设探头：将水分计的金属探针水平向插入紧邻取样点处的土中，使监测点的土质、含水率、密度与取样点近似相同，且应保证探针全部插入土中。重复步骤（2）、（3），将所有水分计安装至各层测点，然后在探井侧壁上开挖一引线槽，将传感器电缆线集中成一束安置在引线槽中，并采用 U 形卡子固定，将剩余电缆引至地面。

（4）回填探井：采用开挖探井时带出的原土对探井分层回填、分层夯实处理，夯实过程需防止损伤电缆。最后预留约 0.8m 探井井深不回填，将水分计的电缆集中绑扎成一束，装进电缆袋，放入探井中。采用全站仪、GNSS RTK 等测量仪器观测探井井口及电缆袋顶部的位置坐标，用于下次进行探井开挖时，确定探井位置及电缆袋的埋设深度。电缆袋上部覆土保护后继续进行填土施工，达到下一次埋设时机时重复步骤（1）～（4），直至填土施工完成，传感器全部安装完毕。

（5）安装数据采集、传输和供电设备：将上述水分计的电缆接入数据采集转换器、无线数据传输模块、网络通信设备、现场供电设备。

5.4.4　观测与资料整理

（1）施工期观测：因土方填筑施工，引起地面标高发生变化，宜每填筑 3～8m 观测 1 次；雨期、冬期临时停工时，宜每周观测 1 次，雨期期间加密。

（2）工后期观测：土方填筑施工结束后的前 3 个月，宜每周观测 1 次，雨期期间加密；3 个月后宜每月观测 1 次。当需要确定降水时的地表水入渗情况时，浅部地层（10m 以上）可每 6h 观测 1 次，深部地层（10m 以下）可每天观测 1 次，此时宜采用自动化监测。

（3）根据实测数据，绘制土体含水率-时间关系曲线、土体含水率-深度关系曲线。当同时观测有降水量、蒸发量、气温等观测数据时，可绘制土体含水率-降水量-蒸发量-气温-时间关系曲线。

5.5 本章小结

（1）黄土高填方工程的地下水类型主要有第四系冲洪积及淤积层孔隙水、黄土层孔隙潜水和风化壳基岩裂隙水等，含水层集中在沟底原地基土层中。因此，水位管采取上部实管段、中部滤管段和下部沉淀管段的结构形式，且管底应深入到基岩内。黄土高填方工程施工期宜选用悬锤式水位计进行人工监测，工后期可选用压力式水位计进行自动化监测。

（2）针对水位管埋设孔成孔难、孔内护壁泥浆清理难、管身透水孔易堵塞和孔底易沉淀泥浆等问题，在传统水位管结构的基础上，设计了一种新型预充填滤料的水位管，该水位管设置了内层、中层和外层共三层同轴滤管，滤管上设置有透水孔，通过土工布、外层细滤料、内层粗滤料形成反滤层，进而解决了传统水位孔因滤管段与孔壁之间滤料填充不良、过滤效果较差等导致的水位孔内泥浆沉淀过多，无法准确测量水位等问题。

（3）利用水位管和悬锤式水位计进行地下水位测量时，水位管偏斜会引起水位测量误差，为此提出了一种水位管偏斜引起水位测量误差的修正方法。该方法是将传统的水位管改为由带有十字导槽的测斜管加工制作，利用滑动式测斜仪分段测量水位管的偏移角度，在悬锤式水位计的下部设置导向滑轮，使悬锤式水位计探头与滑动式测斜仪的测试路径基本一致，然后利用滑动式测斜仪的偏移角度测量数据对悬锤式水位计的地下水位观测值采取分段修正、逐段累加的方法进行修正。

（4）黄土高填方工程在填方区根据原始地形和天然水系，按地表汇水面积和流量设置主次盲沟，对汇水面积和流量大的主要大冲沟（主沟）设置主盲沟，在次要小冲沟（支沟）设置次盲沟，结合地形、泉眼出露和渗流情况设置支盲沟，次盲沟与主盲沟相连，支盲沟与主盲沟或次盲沟相连，将沟底的地表水、出露泉等以树枝状有机联通，最后汇集到沟谷下游的主盲沟排出场区外。为此，盲沟水流量监测点设置在主盲沟出水口位置，根据水流量的大小和汇集条件选择以下方法：①当流量小于1L/s时，采用容积法；②当流量在1～300L/s时，宜采用量水堰法；③当流量大于300L/s或受落差限制等原因难以设置水堰时，将水引入排水沟渠中，采用测流速法。

（5）黄土高填方工程中宜采用介电法水分计对土体含水率进行定点、连续、长期监测。为提高水分计的测试精度，以驻波比（SWR）法原理的水分计为例，进行了现场和室内标定试验，分别通过 SWR 法与烘干法测定 Q_3 黄土和古土壤的含水率并进行对比分析，探讨干密度、结构性和土质差异对 SWR 水分计测试结果的影响，并建立相关数学修正模型。试验结果表明，SWR 法含水率测量值较烘干法偏高，干密度变化对 SWR 法测量结果的影响不可忽略；通过建立考虑干密度影响的经验修正模型对 SWR 法测量值进行修正，当体积含水率 $9.2\% \leqslant \theta_w \leqslant 39.9\%$ 时，误差可控制在 2% 以内；当 $39.9\% \leqslant \theta_w \leqslant 46.3\%$ 时，误差可控制在 3% 以内，总体修正效果优于 SWR 法与烘干法测量数据通过三次曲线拟合建立的修正公式；土的结构性对 SWR 法测量结果影响不明显，可采用重塑土的室内标定试验代替现场标定试验；黄土与古土壤因土质差异，应分别建立修正模型。

本章参考文献

[1]　中华人民共和国水利部．地下水监测规范：SL 183—2005 [S]．北京：中国水利水电出版社，2005.

[2]　中华人民共和国水利部．土石坝安全监测技术规范：SL 551—2012 [S]．北京：中国水利水电出版社，2012.

[3]　中华人民共和国水利部．水环境监测规范：SL 219—2013 [S]．北京：中国水利水电出版社，2014.

[4]　中华人民共和国水利部．水工建筑物与堰槽测流规范：SL 537—2011 [S]．北京：中国水利水电出版社，2011.

[5]　中华人民共和国水利部．明渠堰槽流量计计量检定规程：JJG（水利）004—2015 [S]．北京：中国水利水电出版社，2015.

[6]　中华人民共和国住房和城乡建设部．尾矿库在线安全监测系统工程技术规范：GB 51108—2015 [S]．北京：中国计划出版社，2016.

[7]　中华人民共和国水利部．灌溉渠道系统量水规范：GB/T 21303—2017 [S]．北京：中国标准出版社，2017.

[8]　国家环境保护总局．地表水和污水监测技术规范：HJ/T 91—2002 [S]．北京：中国环境科学出版社，2005.

[9]　李秋忠，查旭东．路基含水量测定方法综述 [J]．中外公路，2005（2）：41-43.

[10]　孙满利，付菲，沈云霞．土的含水率测定方法综述 [J]．西北大学学报（自然科学版），2019，49（2）：219-229.

[11]　冯磊，杨卫中，石庆兰，等．基于时域传输原理的土壤水分测试仪研究 [J]．农业机械学报，2017，48（3）：181-187.

[12]　常丹，李旭，刘建坤，等．土体含水率测量方法研究进展及比较 [J]．工程勘察，2014，42（9）：17-22＋35.

[13]　刘思春，王国栋，朱建楚，等．负压式土壤张力计测定法改进及应用 [J]．西北农业

学报，2002，11（2）：29-33

[14] 赵燕东. 土壤水分快速测量方法及其应用技术研究 [D]. 北京：中国农业大学，2002.

[15] 李占杰，陈基培，刘艳民，等. 土壤水分遥感反演研究进展 [J]. 北京师范大学学报
（自然科学版），2020，56（3）：474-481.

[16] 王春辉，刘四新，全传雪. 探地雷达测量土壤水含量的进展 [J]. 吉林大学学报（地
球科学版），2006，36（S1）：119-125.

[17] 雷少刚，卞正富. 探地雷达测定土壤含水率研究综述 [J]. 土壤通报，2008（5）：
1179-1183.

[18] 赵燕东，张一鸣. 基于驻波率原理的土壤含水率测量方法 [J]. 农业机械学报，2002，
33（4）：109-121.

[19] 冯磊. 基于驻波率原理的土壤水分测量技术的研究 [D]. 北京：中国农业大学，2005.

[20] ROBINSON D A，JONES S B，WRAITH J M，et al. A Review of advances in dielectric and
electrical conductivity measurement in soils using time domain reflectometry [J]. Vadose Zone
Journal，2003，2（4）：444-475.

[21] 于永堂，张继文，郑建国，等. 驻波比法测定黄土含水量的标定试验研究 [J]. 岩石
力学与工程学报，2015，34（7）：1462-1469.

[22] 中华人民共和国住房和城乡建设部. 土工试验方法标准：GB/T 50123—2019 [S]. 北
京：中国计划出版社，2019.

[23] 龚元石，曹巧红，黄满湘. 土壤重度和温度对时域反射仪测定土壤水分的影响 [J].
土壤学报，1999，36（2）：145-153.

[24] 郑洪汉，THENG B K G，WHITTON J S. 黄土高原黄土 - 古土壤的矿物组成及其环境意
义 [J]. 地球化学，1994，23（S1）：113-123.

[25] DIRKSEN N C，DASBERG G S. Improved calibration of time domain reflectometry soil
water content measurements [J]. Soil Science Society of America Journal，1993，57
（3）：660-667.

[26] DASBERG S，HOPMANS J W. Time domain reflectomery calibration for uniformly and
nonuniformly sandy and clayey loam soils [J]. Soil Science Society of America Journal，
1992，56（6）：1341-1345.

[27] WHALLEY W R. Considerations on the use of time-domain reflectometry（TDR）for
measuring soil water content [J]. Journal of Soil Science，1993，44（1）：1-9.

[28] 刁桂仪，文启忠. 黄土风化成土过程中主要元素的迁移序列 [J]. 地质地球化学，
1999，27（1）：21-26.

[29] 郑建国，于永堂，张继文，等. 一种土壤水分计的钻孔埋设方法 [P]. 中国：ZL
201310386168.6，2013-08-29.

第6章 黄土高填方工程监测实例

6.1 工程概况

　　延安市地处西部黄土丘陵沟壑区，为增加城镇建设用地、缓解城区土地资源不足、保护老城区革命旧址和改善人居生活环境，开展了大面积的挖填造地工程，已实施区域包括北区、东区两大片区，地理位置见图6.1。如图所示，北区位于延安市宝塔区清凉山北部，包括桥沟、尹家沟、杜家沟和高家沟等区域；东区位于宝塔山东南，延河南岸，包括方塔、薛场、枣园、麻塔及野狐子沟等区域。由于延安新区北区和东区的原始地形地貌、地质构造和地层岩性等相近，地下排水和地基处理等工程措施基本一致，本次主要以北区为例进行简要介绍。截至2018年10月，北区完成造地面积约21km^2，挖方量约3.6亿m^3，填方量约3.1亿m^3，最大挖方厚度约118m，最大填方厚度约112m，是世界上湿陷性黄土地区挖填造地工程中规模最大、情况最为复杂的岩土工程。

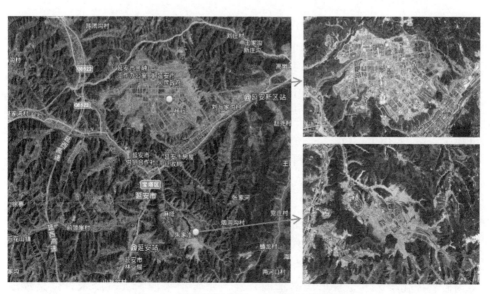

图6.1　延安新区北区、东区的地理位置图

6.1.1 自然环境

延安市属温带大陆性半干旱季风气候区，多年平均气温9.3℃，极端最高气温39.7℃（1952年7月29日），极端最低气温−25.4℃（1956年1月23日），月平均最高气温24.2℃，月平均最低气温−10.2℃。1951—2012年的多年平均降水量为531mm，最大值为871mm（1964年），最小值为330mm（1974年），日最大降水量139.9mm（1981年），时最大降水62mm（1979年）。多年平均降水量最高的月份出现在6月—9月，集中了全年约70%的降水量，其次是4、5、10月，其他月份降水量很少。多年最大冻土深度为790mm，最大积雪深度170mm。

6.1.2 地形地貌

延安新区北区工程场地的地形总体呈西北高、东南低，属典型的黄土高原中等切割区，侵蚀构造地形。地貌类型总体可分为黄土梁峁、黄土沟谷地貌。冲沟区上游较宽阔、沟坡稍缓，下游狭深、沟坡较陡，谷坡呈斜坡状，两侧不对称，沟谷蜿蜒曲折，支沟、岔沟发育。工程场地内发育的大小冲沟上游多呈V形，顺沟谷向下逐渐开阔呈U形，其切割深度约十余米至数十米不等，冲沟两侧谷坡陡峻（坡度>40°），局部坡度可达60°~70°，最陡处近于直立状态。

6.1.3 地质条件

（1）工程地质

根据工程地质调绘、钻探和试验结果，延安新区北区工程场地可分为黄土梁峁区和黄土沟谷区两类[1]：黄土梁峁区主要地层结构自上而下依次为Q_3^{col+el}黄土及古土壤、Q_2^{col+el}黄土及古土壤、N_2红黏土、J砂岩和泥岩；黄土沟谷区主要地层除了可见黄土梁峁区厚度有所不同的所有地层之外，还分布有Q_4^{al+pl}冲洪积土、Q_4^l淤积土、$Q_4^{col+del}$滑坡堆积物。根据地质钻探及野外地质调查，场地内分布的不良地质作用主要为滑坡、崩塌、潜在不稳定边坡（黄土滑坡和崩塌隐患、基岩崩塌隐患）和黄土洞穴（落水洞）等。

（2）水文地质

根据水文地质调查、钻探和试验结果，延安新区北区工程场区内的地下水类型主要分为第四系孔隙潜水和侏罗系基岩裂隙水两大类[2]：第四系孔隙潜水主要分布于沟谷区，含水层主要为洪积层；侏罗系基岩裂隙水全区分布，含水层主要为砂岩风化层。本工程填沟造地前，地下水补给来源为大气降水，以泉水溢出、蒸发及人工开采等方式排泄。天然条件下，地下水自周边分水岭地带顺地势向沟底径流汇集，转化为地表径流排泄于区外。

6.1.4　地基处理

（1）原地基处理

根据延安新区北区的岩土工程设计资料[3]，本工程梁峁区的湿陷性黄土和沟谷区沟底的淤积土均采用强夯法处理，强夯处理设计参数如表 6.1、表 6.2 所示，表中 d 为夯锤直径（m）。

湿陷性黄土原地基的强夯处理设计参数　　　　表 6.1

湿陷性黄土厚度(m)	夯型	单击夯能(kN·m)	夯点间距(m)	夯点布置	单点击数
>7	点夯	6000	5.0	梅花形	12～14
	满夯	1000	$d/4$ 搭接	搭接型	4～6
3～7	点夯	3000	4.0	梅花形	10～12
	满夯	1000	$d/4$ 搭接	搭接型	3～5

淤积土原地基的强夯处理设计参数　　　　表 6.2

地下水深度(m)	淤积土厚度(m)	夯型	单击夯能(kN·m)	夯点间距(m)	夯点布置	单点击数	垫层厚度(m)	备注
>2	≤7	点夯	3000	4.0	正方形	10～12	—	—
		满夯	1000	$d/4$ 搭接	搭接型	3～5		
	>7	点夯	6000	5.0	正方形	10～12	—	—
		满夯	1000	$d/4$ 搭接	搭接型	3～5		
>2	≤7	预夯	1000	切边搭接	邻接型	3～5	—	当地基土极其松散，夯击次数—夯坑深度明显异常（过深）时先预夯处理
		点夯	3000	4.0	正方形	10～12		
		满夯	1000	$d/4$ 搭接	搭接型	3～5		
	>7	预夯	1000	切边搭接	邻接型	3～5	—	
		点夯	6000	5.0	正方形	10～12		
		满夯	1000	$d/4$ 搭接	搭接型	3～5		
≤2	≤7	点夯	3000	4.0	正方形	10～12	1.0	—
		满夯	1000	$d/4$ 搭接	搭接型	3～5		
	>7	点夯	6000	5.0	正方形	10～12	1.2	—
		满夯	1000	$d/4$ 搭接	搭接型	3～5		

（2）填筑体处理

填筑体施工所用的黄土填料主要来自黄土梁峁区挖填线以上各土层，主要为上更新统黄土及古土壤、中更新统黄土及古土壤，局部地段有第三系红黏土，个别地段有滑坡及崩塌堆积物。填筑体施工控制参数见表 6.3。在土方填筑施工过程，当施工作业面较为狭窄时，主要采用振动碾压法进行压实；当施工作业面较为宽敞时，则主要采用冲击碾压法进行压实。此外，对挖填交界区、施工标段搭接区和薄弱部位采用强夯补强法处理。

填筑体的分层碾压处理设计参数   表 6.3

碾压方法	设备要求	行走速度(km/h)	碾压遍数	虚铺厚度(m)	压实系数	含水率范围
振动碾压	50t 振动压路机	≤3	8～10	0.4	0.93	$w_{opt} \pm 2\%$ 以内
			8～10	0.5	0.90	
冲击压实	25kJ 冲击压路机	≥10	22～25	0.8	0.93	$w_{opt} \pm 3\%$ 以内

6.1.5　地下排水

为了保证地下水顺利排出，沿主要冲沟的沟底设置了主盲沟，在自然支沟的沟底设置次盲沟，结合地形、泉眼出露和渗流情况设置支盲沟，主盲沟、次盲沟和支盲沟相连，形成地下盲沟排水系统，将原沟谷沟底的地表水、出露泉等以树枝状有机联通[3]。盲沟由土工布包裹碎石反滤层、涵管等组成，地下水由沟谷两侧向沟谷中心汇集，通过土工布向盲沟内入渗，可使地下水渗入排出而阻止泥土进入。此外，在主、次盲沟交接部位设置若干竖向监测抽水井，用于监控地下水位。若盲沟作用减弱，地下水位上升，人工抽水进行控制。

6.2　监测概况

6.2.1　监测场地

本工程的重点监测区域为填方区和挖填交界区，这里着重介绍两处试验场地的监测情况，挖填造地前试验场地原始地形的原始卫星照片如图 6.2 所示，两处试验场地的基本情况如下：

（1）试验场地Ⅰ

位于北区一期工程填方区主沟下游区域，面积约 0.21km²，最大填方厚度约 115m。该场地在 2012 年 11 月原地基处理完成，2013 年 3 月开始进行填筑体施工，至 2014 年 11 月填筑至设计标高，设置了一处监测断面 DM1，地层剖面如图 6.3 所示。

（2）试验场地Ⅱ

位于北区一期土方二次平衡工程填方区主沟上游区域，面积约 0.47km²，最大填方厚度约 74.0m。该场地在 2013 年 7 月原地基处理完成，2013 年 8 月开始进行土方填筑施工，至 2015 年 9 月填筑至设计标高，设置了两处监测断面

DM1 和 DM2，地层剖面如图 6.4 所示。

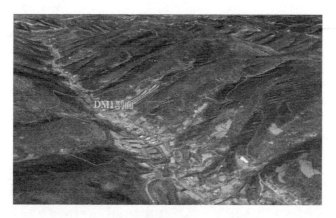

(a) 试验场地Ⅰ

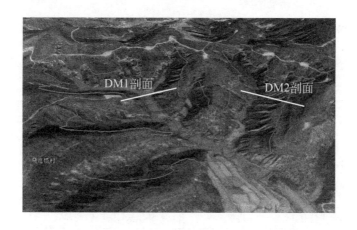

(b) 试验场地Ⅱ

图 6.2　试验场地原始地形的卫星照片

6.2.2　监测项目

　　本工程的监测对象包括黄土高填方地基（填筑体、原地基体）和挖填边坡两大部分，主要监测项目及监测方法如表 6.4 所示，主要监测指标包括变形、应力、地下水和其他辅助指标，监测过程包括施工期和工后期两个监测阶段。本工程重点区域、关键监测部位的监测项目采取地表与内部监测相结合，效应量与原因量监测相结合，几何量与物理量监测相结合，形成点、线、面相结合的三维立体式监测系统。监测方法采取新仪器与传统仪器监测相结合，仪器监测和人工巡查相结合，电子式和机械式仪器监测相结合，人工监测和自动化监测相结合，

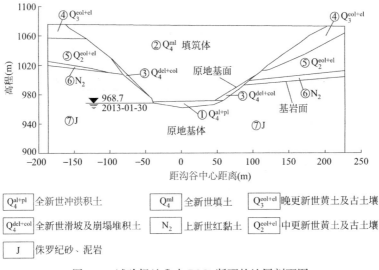

图 6.3　试验场地Ⅰ中 DM1 断面的地层剖面图

高、低精度仪器相结合等。

监测项目及方法　　　　　　　　　　　　　　　表 6.4

监测指标	监测项目	监测对象	监测方法	监测阶段
变形	内部沉降	填筑体、原地基体	深层沉降标法、电磁式沉降仪法、串接式位移计法	施工期、工后期
	地表沉降	填筑体	光学水准测量法、北斗卫星定位测量法、合成孔径雷达干涉测量法	施工期、工后期
	内部水平位移	边坡	测斜仪法(固定式、滑动式)	工后期
	地表水平位移	边坡	全站仪自由设站法	工后期
	裂缝	填筑体、边坡	单向标点测缝法、裂缝计法、高密度电法	工后期
应力	土压力	填筑体	土压力计法	施工期、工后期
	孔隙水压力	填筑体、原地基体	孔隙水压力计法	施工期、工后期
地下水	水位	高填方地基	水位计法	施工期、工后期
	水流量	盲沟出水口	量水堰法、测流速法	施工期、工后期
	含水率	填筑体、原地基体、边坡	土壤水分计法	施工期、工后期
其他	降水量	工程场区	雨量计法	施工期、工后期
	蒸发量	工程场区	蒸发计法	施工期、工后期
	地温	工程场区	温度传感器法	施工期、工后期

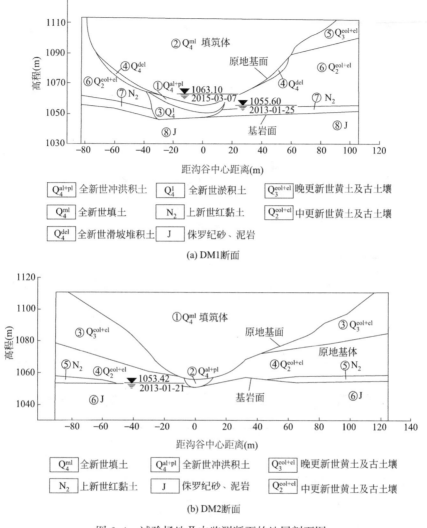

(a) DM1断面

(b) DM2断面

图 6.4　试验场地Ⅱ中监测断面的地层剖面图

6.3　典型监测实例分析

6.3.1　内部沉降监测

（1）监测概况

内部沉降监测以串接式位移计法为主，电磁式沉降仪法及深层沉降标法为辅。试验场地Ⅰ、Ⅱ内部沉降监测点的布置分别如图 6.5、图 6.6 所示。

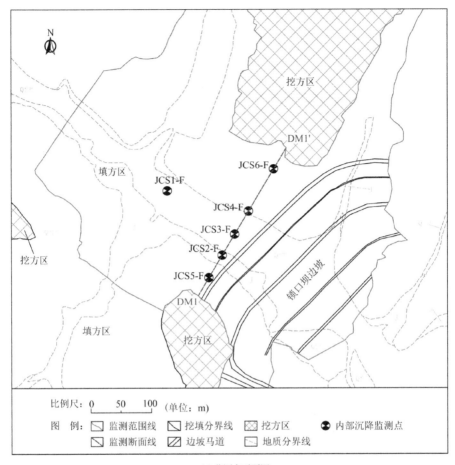

(a) 监测点平面图

图例：⊙ 内部沉降监测点(串接式位移计法) ✚ 内部沉降监测点(电磁式沉降仪法)
--- 填筑高程线

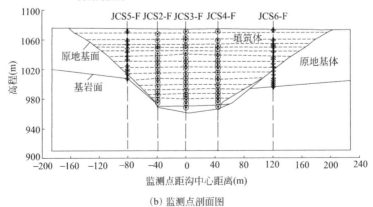

（b）监测点剖面图

图 6.5　试验场地Ⅰ的内部沉降监测点布置图

1）串接式位移计法

串接式位移计法监测点的布置如图 6.5、图 6.6 所示，具体布置情况如下：试验场地 I 中设置了监测点 JCS1-F～JCS4-F 共 4 条垂直测线，在原地基面和填筑体内设置测点，填筑体内相邻测点的垂直间距为 3～12m；试验场地 II 中设置了监测点 JCS-Z3-F～JCS-Z7-F、JCS-Z10-F～JCS-Z13-F 共 9 条垂直测线，在原地基面和填筑体内设置测点，填筑体内相邻测点的垂直间距为 3～8m。原地基内的监测元件在原地基处理完成后钻孔埋设，填筑体内的监测元件随土方填筑施工采用探井分段（每一段即为一个分层沉降监测单元）埋入。

2）电磁式沉降仪法

电磁式沉降仪法监测点的布置如图 6.5、图 6.6 所示，具体布置情况如下：试验场地 I 中设置了监测点 JCS5-F 和 JCS6-F 共 2 条垂直测线，在原地基面、原

(a) 监测点平面图

图 6.6　试验场地 II 的内部沉降监测点布置图（一）

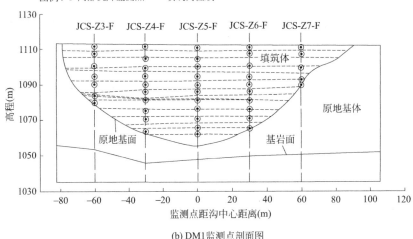

(b) DM1监测点剖面图

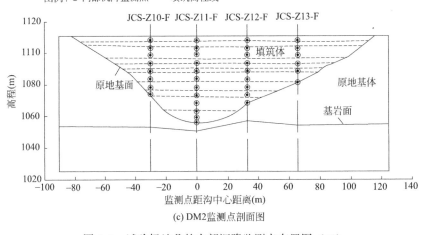

(c) DM2监测点剖面图

图 6.6 试验场地 Ⅱ 的内部沉降监测点布置图（二）

地基内和填筑体内设置测点，原地基内和填筑体内相邻测点的垂直间距分别为
2～3m 和 2～13m；试验场地 Ⅱ 中设置了监测点 JCS-Z1-F、JCS-Z2-F、JCS-Z8-
F、JCS-Z9-F、JCS-Z14-F 共 5 条垂直测线，在原地基面、原地基内和填筑体内
设置测点，原地基内和填筑体内相邻测点的垂直间距分别为 2～3m 和 3～8m。
原地基内的沉降管和沉降磁环在原地基处理完成后钻孔埋设，填筑体内的沉降管
和沉降磁环随土方填筑施工采用探井分节段埋入。

　　3）深层沉降标法

　　试验场地 Ⅰ 内深层沉降标法监测点平面位置如图 6.7 所示，深层沉降标法监
测点 TB1～TB8 设置在串接式位移计法监测点 JCS3-F 周围，沉降板位于不同

深度土层内。TB1～TB6 在施工期随土方填筑施工在监测高程处预埋钢板，钢板中心与串接式位移计法监测点 JCS3-F 的水平距离为 7～9m，监测高程范围为 971.91～1034.09m，监测深度分别为 88.4m、78.5m、66.1m、54.2m、40.5m、26.2m，工后期钻孔至钢板顶面，测定钢板的施工期沉降量，然后利用钻孔安装深层沉降标；TB7、TB8 监测高程为 1040.19m、1050.19m，监测深度分别为 20.1m、10.1m，施工期未预埋钢板，工后期钻孔至监测深度后安装深层沉降标。

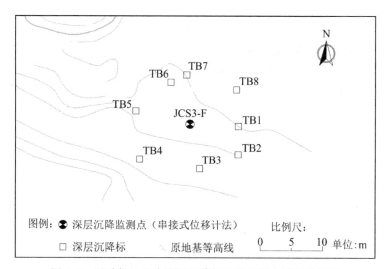

图 6.7 试验场地 I 中深层沉降标法的监测点平面位置图

（2）监测结果与分析

1）串接式位移计法

典型监测点（JCS2-F）采用串接式位移计法的内部沉降监测曲线如图 6.8 所示。本次将位移计在施工期采用探井埋设，可连续获得施工期和工后期的沉降数据。图 6.8(a) 为每一监测层的上部沉降板与下部沉降板（原地基中为锚固头）之间的土体分层压缩量；图 6.8(b) 为沉降板安装高程位置以下地基土的总沉降量。

2）电磁式沉降仪法

典型监测点（JCS4-F）采用电磁式沉降仪法的内部沉降观测结果如图 6.9 所示。本次将沉降管及沉降磁环在施工期埋设，虽然可获得施工期沉降数据，但由于采取的是人工测读，观测数据较串接式位移计法波动大。此外，当沉降管及沉降磁环在施工埋设时，随着上覆填土荷载增大，沉降管受侧向土压力挤压影响逐渐增大。工程实践表明，当沉降管采用 ABS 塑料材质时，上覆填土厚度超过 35m 后容易被压扁，影响后续观测。

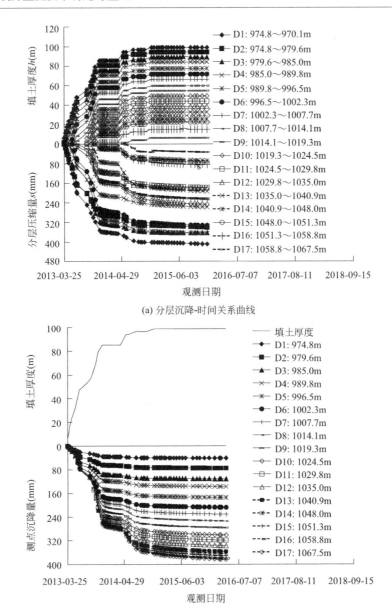

(a) 分层沉降-时间关系曲线

(b) 深层沉降-时间关系曲线

图 6.8　典型监测点的串接式位移计法内部沉降监测曲线

3）深层沉降标法

施工期预埋钢板沉降量统计结果如表 6.5 所示，深层沉降标法内部沉降监测曲线如图 6.10 所示。由图可知，在上覆填土荷载不变的情况下，沉降曲线形态光滑平缓，观测过程未出现大的波动，表明沉降观测曲线能正确适时地反映高填方地基的沉降发展过程，观测获得的深层沉降数据较为可靠。

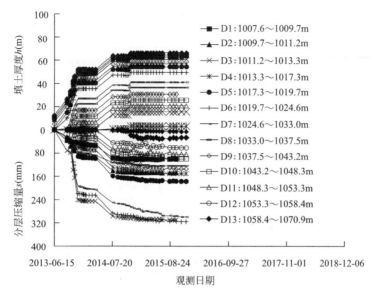

(a) 分层沉降-时间关系曲线

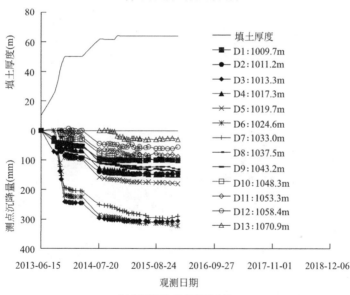

(b) 深层沉降-时间关系曲线

图 6.9 典型监测点的电磁式沉降仪法内部沉降监测曲线

				深层沉降标施工期沉降量统计表		表 6.5
编号	深度(m)	初始高程(m)	观测高程(m)	埋设时间	观测时间	沉降量(cm)
TB1	88.4	971.91	971.23	2013-03-14	2013-11-25	68
TB2	78.5	981.90	980.95	2013-03-31	2013-11-28	95

编号	深度(m)	初始高程(m)	观测高程(m)	埋设时间	观测时间	沉降量(cm)
TB3	66.1	994.13	992.62	2013-04-18	2013-11-30	151
TB4	54.2	1005.98	1004.55	2013-05-18	2013-12-01	143
TB5	40.5	1019.77	1018.36	2013-06-14	2013-12-02	141
TB6	26.2	1034.09	1033.65	2013-10-16	2013-12-09	44

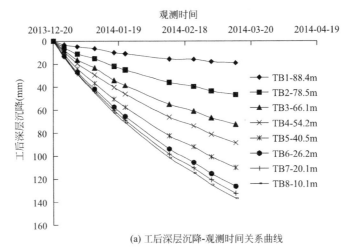

(a) 工后深层沉降-观测时间关系曲线

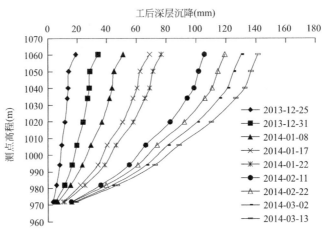

(b) 工后深层沉降-测点高程关系曲线

图 6.10 典型监测点的深层沉降标法内部沉降监测曲线

4）沉降变形规律分析

由图 6.8～图 6.10 可知，各监测点在施工期的分层沉降和深层沉降的变化规律具有相似性，施工期沉降曲线较为陡急，工后期沉降曲线较为平缓，填土厚度与沉降量之间对应关系明显，二者之间呈阶梯式变化。在各监测深度处，当土方填筑连续施工时，随填土厚度增加，加荷增载，沉降迅速增大；施工间歇期，填土厚度不变，停荷恒载，沉降减缓；土方填筑施工停止，填土厚度不变，上覆荷载不变，沉降缓慢增大，并逐渐趋于稳定。施工期填土处于非饱和状态，在自重荷载作用下以排气压缩为主，随荷载增加产生较大的瞬时沉降，这是导致沉降曲线在连续施工阶段较为陡增的主要原因。土方填筑施工停止，填土厚度不变，但此时工后沉降变形量仍然较大，表明填筑体的沉降变形达到稳定仍需要较长时间。

试验场地中典型监测点的土层压缩量随深度的变化曲线如图6.11所示。图中所示的测点高程处压缩变形表示的是上、下沉降板之间土层的压缩量，对应测量高程为上、下沉降板高程的平均值。由图可知，填筑体内土层压缩量随深度的变化规律主要分为两类[4]：一类是先增大后减小再增大型，即填筑体内土层的压缩变形随深度增加而增大，出现峰值后迅速减小，而后再次增大，具有该类曲线特征的测点主要位于沟谷中部区域，统计结果显示土层压缩变形曲线首个峰值点距原地基面的距离 d 与填土厚度 h 之比 $d/h = 0.2 \sim 0.3$；另一类是持续增大型，即填筑体内土层的压缩变形随深度增加而逐步增大直至达到最大值，具有该类曲线特征的测点多位于沟谷斜坡区域。上述分层压缩变形曲线特征表明，与半无限空间中均布荷载作用下的土中应力均匀分布不同，沟谷地形引起土压力重分布，进而导致高填方地基内部不同深度土层的压缩变形量受沟谷地形的影响明显。

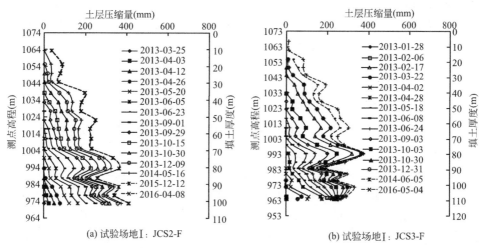

(a) 试验场地I：JCS2-F (b) 试验场地I：JCS3-F

图6.11 典型监测点土层压缩变形量随深度的变化曲线[4]（一）

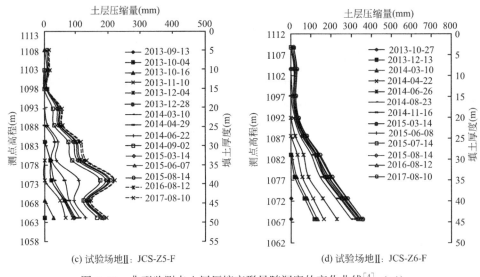

图 6.11　典型监测点土层压缩变形量随深度的变化曲线[4]（二）

6.3.2　地表沉降监测

（1）监测概括

地表沉降监测采取以光学水准测量法为主，北斗卫星定位测量法和合成孔径雷达干涉测量法为辅。光学水准测量法用于观测沉降监测网的高程变化，掌握高填方地基特定点位的沉降量及变化趋势；北斗卫星定位测量法用于观测填方区关键部位的沉降，掌握高填方地基长期动态连续变形情况；合成孔径雷达干涉测量法用于大尺度、大范围沉降观测，掌握高填方地基的整体沉降变形情况。

1）光学水准测量法

试验场地Ⅱ内地表沉降监测点的平面位置如图 6.12 所示，地表沉降监测点主要设置在填方区、挖填交界区。沉降监测网布置时首先顺原沟谷走向设置主测线和原沟谷横断面方向设置次测线，接着在主、次测线两侧外延布置监测点作为补充，各监测点相互结合形成地表沉降监测网。监测仪器采用电子水准仪、钢钢尺，测量精度±0.3mm/km；地表沉降标采用第 3.3.1 节所述的预制与现浇相结合的组合结构和施工方法，标底埋深为 1.3m。高程控制网采用从整体到局部，逐级建立控制的方式，根据《工程测量标准》GB 55018—2020[5] 中二等水准测量要求，在水准线路长度平均 1～3km 布设节点，沿场区四周稳固处布设水准基准点，并基于此布设了高程控制网。沉降基准点均位于稳定区域，构成闭合环，并采用独立高程基准。

图 6.12　试验场地 Ⅱ 的地表沉降监测点平面位置图

2）北斗卫星定位测量法

本工程在延安新区北区一期主沟沟口处的大厚度填方区域（最大填土厚度 105.5m）处设置了一处北斗变形监测点。北斗基准站设置在场区外的楼房顶部（楼房建于稳固基岩面上），如图 6.13（a）所示，地理位置为东经 109.521023°，北纬 36.622887°，采用固定电源供电；北斗监测站设置在沟谷中心填方厚度最大处，如图 6.13（b）所示，地理位置为东经 109.509438°、北纬 36.629457°，采用太阳能供电；基准站与监测站之间的基线长度约 1240m。为减少外部环境因素干扰，监测站采用一体化结构，北斗天线安装在观测桩顶部，太阳能板和集线箱固定在桩身上部，桩径为 120mm，入土深度为 1.5m，地面出露长度为 3.5m，采用镀锌钢管加工制作，观测时段为 2014 年 1 月 8 日至 2014 年 3 月 14 日，观测历时 65d。

(a) 基准站   (b) 监测站

图 6.13　北斗变形监测设备及监测现场

3）合成孔径雷达干涉测量法

本工程在工后期采用合成孔径雷达干涉测量法对延安新区北区一期全域进行了沉降监测。InSAR 监测目标区域的卫星遥感影像如图 6.14 所示。考虑到沉降量级可能过大以及失相干影响，需要高时间采样频率数据集，为此采用 2017 年 11 月至 2019 年 11 月间 TerraSAR-X 卫星 StripMap 成像模式拍摄的 3m 分辨率的雷达数据，轨道方向为降轨，极化模式为 HH 单极化。此外，在监测场区内人工布设了时间上散射特性相对稳定、具有较强回波信号的角反射器作为 PS 点，如图 6.15 所示。同时，使用航天飞机雷达地形测量（SRTM）数据作为地面高程参考数据，在 InSAR 处理过程中辅助估算高程残差及地面绝对高程值，

图 6.14　监测区域的卫星遥感影像

并且使用谷歌地球（GoogleEarth）系统及其影像产品作为结果展示背景平台，采用 SARPROZ 软件对 SAR 数据进行 PS-InSAR 处理。

图 6.15　监测区域内设置的角反射器

（2）监测结果与分析

1）光学水准测量法

本工程黄土高填方地基的工后地表沉降曲线特征类似，这里选取典型监测点的地表沉降数据，绘制的工后地表沉降历时曲线如图 6.16 所示。由图可知，本工程采用第 3.3.1 节所述的地表沉降观测标后，地表沉降数据避免了冻胀、融沉对测量结果的影响。该场地填方区的工后沉降曲线属于"缓变型"，随观测时长

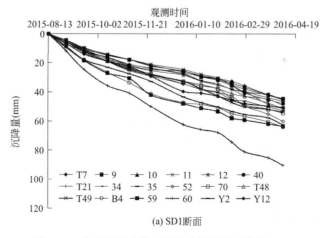

(a) SD1断面

图 6.16　典型监测点的工后地表沉降历时曲线（一）

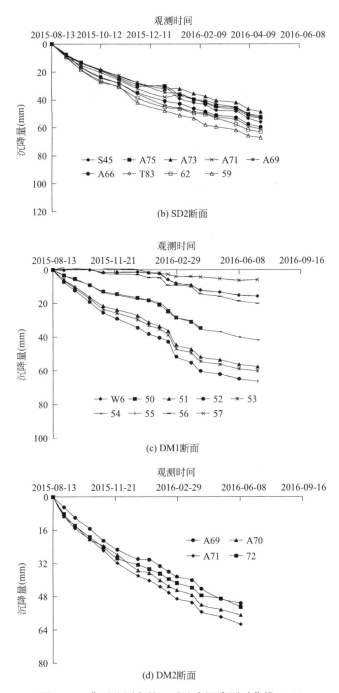

图 6.16　典型监测点的工后地表沉降历时曲线（二）

的增加，沉降曲线逐步趋向于平缓，但并未出现明显的拐点，在观测期内尚未出现趋于稳定的水平段。土方填筑完成后，填土自重荷载不增加，原地基上覆荷载不变，沉降曲线在观测初期均无明显的陡增段，表明瞬时沉降已经完成，由文献 [6] 中的固结试验结果可知，此时主固结沉降尚未完成，土体的蠕变也伴随发生，沉降量还将继续增加，但沉降速率递减，这与土方分层慢速填筑、填土非饱和的特征相吻合。

2）北斗卫星定位测量法

为检验北斗变形监测系统在实际工程中的观测效果，本次在北斗监测站上设置沉降观测标 S1，与北斗监测站相邻约 2m 处设置了地表沉降标 S2，采用光学水准测量方法观测 S1、S2 的沉降量。北斗观测值与水准观测值对比曲线如图 6.17 所示，北斗系统与水准测量结果对比如表 6.6 所示。由图表可知，北斗观测值虽略有小幅波动，但总体均在水准观测值附近变动，二者观测值之间的吻合度较好。本次设定北斗变形监测系统每天获取一个静态差分定位数据，实现了每天不间断连续观测，后续采用滤波降噪算法处理后可以更加真实地表现沉降趋势[7]。

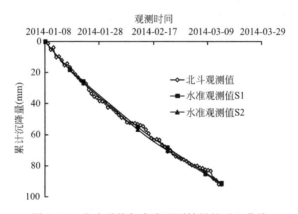

图 6.17　北斗系统与水准观测结果的对比曲线

北斗系统与水准测量结果对比　　　　　　　　　　　　　表 6.6

试验天数（d）	9	14	34	45
水准观测值 S_d（mm）	17.99	25.72	54.92	68.34
北斗观测值 S_b（mm）	14.19	25.01	52.48	67.76
绝对误差 $\delta = \vert S_b - S_d \vert$（mm）	3.80	0.71	2.44	0.58

3）合成孔径雷达干涉测量法

InSAR 测量点云地表沉降观测结果如图 6.18 所示，将其生成地表沉降等值曲线图如图6.19所示。图中176380个监测点直观反映了场区沉降中心的位置、分布情况。2017年11月至2019年11月期间，延安新区北区一期工程在填方区域普遍发生了较大的工后沉降，2年期间的最大累计沉降量约130mm，部分挖方区产生了回弹变形。由延安新区北区一期PS-InSAR测量结果可知，填土厚度由沟谷中心向两侧斜坡逐渐变薄，对应沉降变形也由沟谷中心向两侧斜坡逐渐降低，沉降量与填土厚度呈明显正相关性，场区内形成多处近似圆形沉降漏斗或狭长椭圆形的沉降槽，长轴方向与原始地形的等高线走向基本保持一致。

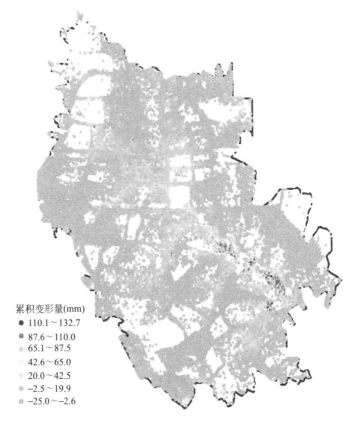

累积变形量(mm)
- 110.1～132.7
- 87.6～110.0
- 65.1～87.5
- 42.6～65.0
- 20.0～42.5
- −2.5～19.9
- −25.0～−2.6

图6.18　PS-InSAR测量的地表沉降点云数据结果

为进一步检验PS-InSAR的地表沉降观测效果，收集了研究区共9个二等水准监测点与PS-InSAR观测结果进行对比，水准监测点的平面位置如图6.20所示。如图所示，PT6位于试验场区外的老城区，属于变形已稳定的测点。光学水准测量点采用拓普康DL-501增强型电子数字水准仪（精度0.2mm/km），结合条码铟钢尺定期施测。为对比水准测量值与PS-InSAR测量值的差异，提取与水准测量值对应时间点的PS-InSAR测量值，实现时间基准的统一；将PS-In-

累积变形量(mm)
—— 69.0～132.6
—— 54.0～68.9
—— 36.0～53.9
—— 21.0～35.9
—— 6.0～20.9
—— −6.0～5.9
—— −30.0～−6.1

图 6.19　PS-InSAR 测量的地表累积变形量等值曲线

SAR 测量结果和水准测量结果统一投影到 WGS-84 坐标系，实现空间基准的统一。统一参考基准后 PS-InSAR 和水准测量数据如图 6.21 所示。如图所示，若以水准测量值作为沉降变形"真实值"，则 PS-InSAR 测量值的中误差为 ±4.9mm，其中 7 个监测点的绝对误差在 ±7mm 以内，2 个监测点的绝对误差在 ±6mm 内。

　　监测区域主沟填方区的 3 个 InSAR 测量的沉降漏斗中心点与邻近水准测量结果的对比曲线如图 6.22 所示。由图可知，PS-InSAR 测量结果与水准测量结果反映出来的地表沉降随时间的变化规律基本一致，二者测量值差异产生的原因主要包括[8-10]：①监测范围不同：水准监测的是"点目标"，而 InSAR 监测的是"面目标"，InSAR 监测结果是 SAR 影像一个分辨率单元的沉降量，受影像的分辨率影响，如 TerraSAR 影像一个分辨率单元的大小为 3m×3m，地面上一点的沉降情况需要一个 $9m^2$ 的面来表示，因此用"面"与"点"进行衡量比较，二

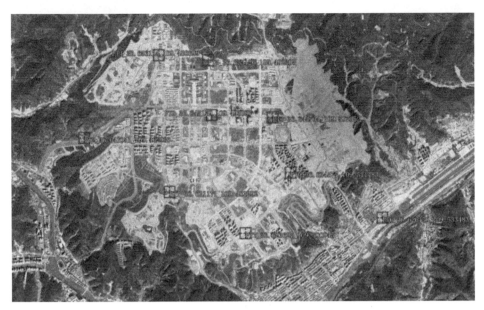

图 6.20　InSAR 测量点对应的水准监量点平面位置图

者会产生差异。②空间基准偏差：InSAR 处理时采用的是 2000 年左右采集制作的 SRTM DEM 数据，造成所使用的 DEM 和实际地形差异明显，在基于 DEM 建立 SAR 坐标系和地理坐标系关系时，地理位置会产生部分偏差，因此采用最邻近点水准监测点提取对应 InSAR 监测结果，可能会造成位置的部分偏差。

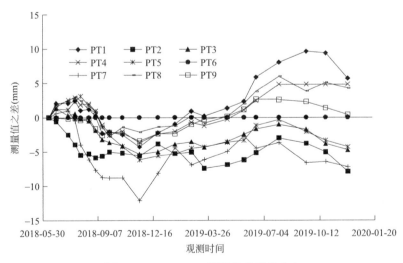

图 6.21　PS-InSRA 测量值的误差分布

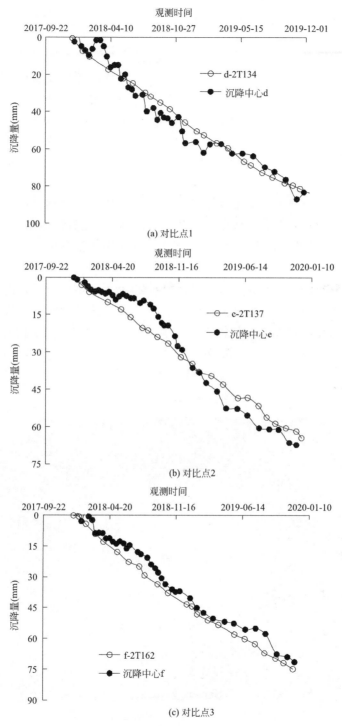

图 6.22　InSAR 测量值与水准测量值对比曲线

6.3.3 内部水平位移监测

（1）监测概况

杜家沟 1 号边坡的卫星照片如图 6.23 所示。该边坡位于延安新区北区工程场地的西北部，为典型的挖方高边坡，坡长约 398.5m，坡宽约 206.4m，坡脚标高约 1012.0m，坡顶标高约 1117.7m，高差约为 105.7m，平均坡度约为 27.1°，局部坡度超过 40°，属于典型的黄土挖方高边坡。该边坡的典型地质剖面如图 6.24 所示，钻探揭示的深度范围内（坡脚下钻探深度约 14.0m）未见地下水，边坡地层结构自上而下依次为 Q_3^{col+el} 黄土及古土壤、Q_2^{col+el} 黄土及古土壤、N_2 粉质黏土、N_2 细砂、N_2 砾岩、J_2^y 砂、泥岩。边坡东南侧邻近区域因爆破采石作业，施工振动引发该区域发生显著水平位移，自 2014 年 10 月 4 日至 2015 年 3 月 24 日，通过现场巡查发现坡体上共出现 7 条主要裂缝。为实时掌握边坡土体的内部变形量及变形规律，为高边坡安全预警提供依据，共设置了 4 处内部水平位移监测点，监测点的平面布置如图 6.25 所示。如图所示，边坡裂缝主要集中在边坡东侧，在该区域设置了监测点 C1、C2；边坡西侧坡脚线外侧为采石区，采石爆破振动对边坡的安全稳定影响较大，在该区域设置了监测点 C3、C4，其中监测点 C3 处砂层厚度为 9.1m，监测点 C4 处砂层厚度为 7.7m。本次除设置了深部监测点外，还在边坡表面设置了地表水平位移监测点，具体监测方法和结果见本书第 6.3.4 节，此处不予详述。

图 6.23　杜家沟 1 号边坡在工程场地的平面位置及照片

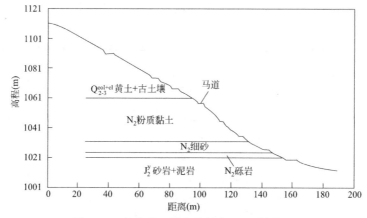

图 6.24　杜家沟 1 号边坡的典型地质剖面图

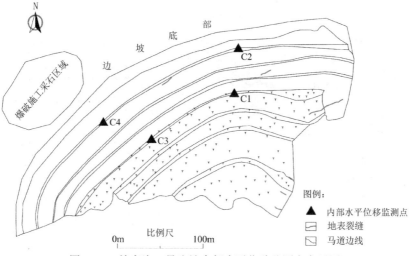

图 6.25　杜家沟 1 号边坡内部水平位移监测点布置图

本次内部水平位移监测采用固定式测斜仪法，测斜仪的量程为 $-30°\sim +30°$，分辨率为 0.01°，工作温度为 $-20\sim 80℃$，测斜管材质为 ABS 塑料，直径为 70mm。测斜管分节段下放至钻孔中心孔内，管底入岩深度为 1.0～1.5m，管接处用密封胶和防水胶带密封处理，一侧导槽方向与边坡倾向（或预判的滑动方向）一致。测斜管和钻孔之间空隙采用泥浆泵自下而上注入水泥膨润土浆材，材料比例为水：水泥：膨润土＝1： 0.30：0.33。当水泥膨润土浆材凝固时间超过 1d后，在测斜管内安装固定式测斜仪探头，最后将观测电缆接入远程自动化监测系统。

（2）监测结果与分析

监测点 C1～C4 沿边坡倾向的内部水平位移-深度关系曲线如图 6.26 所示，不同深度测点的累计位移量与时间关系曲线如图 6.27 所示。在观测期 1678d 内，监测点 C1、C2、C3、C4 沿边坡倾向的最大水平位移分别为 191.99mm（深度10m 处）、231.68mm（深度 6m 处）、91.48mm（深度 3 m 处）和 54.72mm（深度 3m 处）。观测期最后 100d 内的最大水平位移量分别为 1.89mm（深度10m、15m 处）、20.64mm（深度 3m 处）、4.72mm（深度 3m 处）和 8.93mm（深度 3m 处）。边坡内部水平位移主要沿边坡倾向（潜在滑动方向），主要发生在 N_2 细砂层上部的 Q_{2-3}^{eol+el} 黄土及古土壤和 N_2 粉质黏土层内，表明 N_2 细砂层是影响边坡变形与稳定的薄弱层。边坡东侧的监测点 C1、C2 区域因采石场爆破振动引起滑移尚未稳定，地面出现地表裂缝，水平位移量明显高于西侧的监测点C3、C4，在监测时段内，浅部地层的水平位移逐渐收敛但尚未完全稳定。

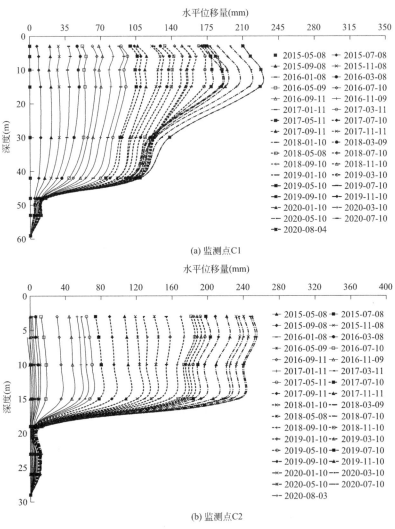

(a) 监测点 C1

(b) 监测点 C2

图 6.26　内部水平位移-深度关系曲线（一）

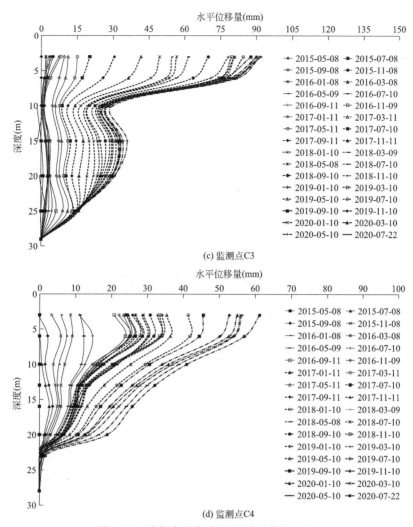

图 6.26　内部水平位移-深度关系曲线（二）

6.3.4　地表水平位移监测

（1）监测概况

杜家沟 1 号边坡地表水平位移监测点的平面布置如图 6.28 所示，设置了全站仪自由设站法监测点和北斗卫星定位测量法监测点，监测点布置情况如下：

1）全站仪自由设站法

如图 6.28 所示，在边坡马道表面设置 4 条地表水平位移监测断面，共 22 个地表水平位移监测点，在边坡外的稳定区域设置了 4 个基准点。在边坡监测期间，基准网累计复测了 18 次，测量结果显示基准点变化值介于 −2.00～+1.25mm 之间，

147

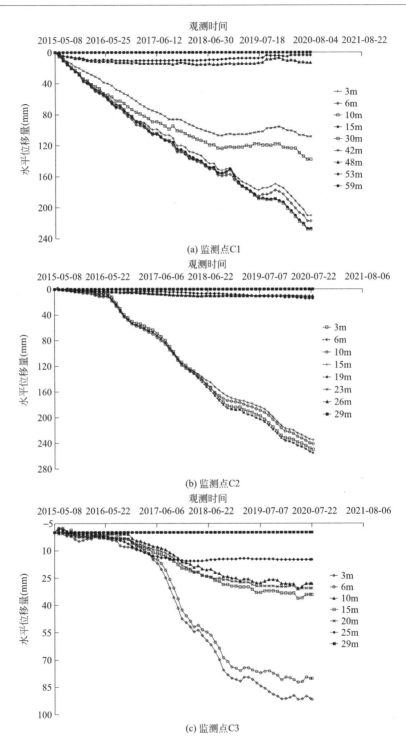

(a) 监测点C1

(b) 监测点C2

(c) 监测点C3

图 6.27　内部水平位移-时间关系曲线（一）

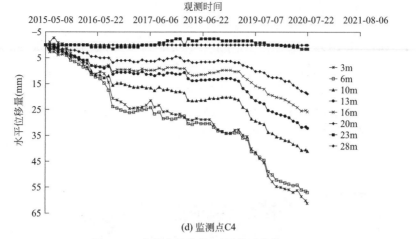

(d) 监测点C4

图 6.27　内部水平位移-时间关系曲线（二）

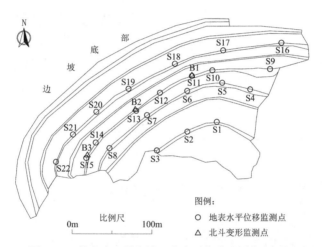

图 6.28　杜家沟 1 号边坡地表水平位移监测点布置图

显示基准网处于基本稳定状态。依据地形条件，全站仪测站设置在边坡对面，仪器型号为拓普康 MS05A，具有自动照准、智能识别和自动跟踪等功能，测距 3500m，测角精度 0.5″，AP/CP 棱镜测距精度为（0.8＋1ppm×D）mm；水平位移监测标设置在边坡表面，主要由棱镜连接杆、现浇混凝土柱等组成。监测频率为 2 次/月，自 2015 年 11 月至 2018 年 11 月，累计共监测 70 次。

2）北斗卫星定位测量法

如图 6.28 所示，在边坡中部马道上设置 3 个北斗地表水平位移监测点，基准点设置在远离边坡的稳定区域，监测仪器采用前文第 3.3.2 节研制的北斗硬件设备及软件系统。静态差分定位监测频率设置为 1 次/d，自 2015 年 5 月至 2019 年 12 月，累计共观测了 1670d。

（2）监测结果与分析

1）全站仪自由设站法

实测地表水平位移历时曲线如图 6.29 所示，典型监测断面处的水平位移曲线如图 6.30 所示，在观测期 1086d 内，地表水平位移量介于 25.9（监测点 S22）～161.5mm（监测点 S18）之间，平均值为 73.4 mm。水平位移量呈现由边坡两侧向中部逐渐增大的规律，最后 100d 的地表水平位移量介于 2.5（监测点 S22）～19.5mm（监测点 S18）之间，平均地表水平位移量为 10.1mm。

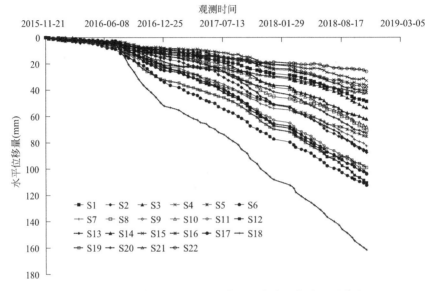

图 6.29　全站仪自由设站法的实测地表水平位移历时曲线

2）北斗卫星定位测量法

北斗变形监测点的观测频率较高，观测数据量较大，为便于监测数据的分析展示，这里选取观测期内时间间隔为 30d 的监测数据，绘制地表水平位移量-时间关系曲线如图 6.31 所示。如图所示，在观测期 1670d 内，监测点 B1、B2、B3 的地表水平位移量分别为 168.1mm、118.7mm 和 44.9mm，总体呈现出自边坡东侧向边坡西侧递减的变化规律。最后 100d 的水平位移量均较大，在监测点 B1、B2、B3 处分别为 12.7mm、7.1mm 和 1.5mm，监测期内的地表水平位移速率在 0.20～0.33mm/d 之间波动。

6.3.5　裂缝监测

（1）监测概况

土方填筑施工完成后开展裂缝监测工作，主要监测内容包括裂缝巡查、裂缝

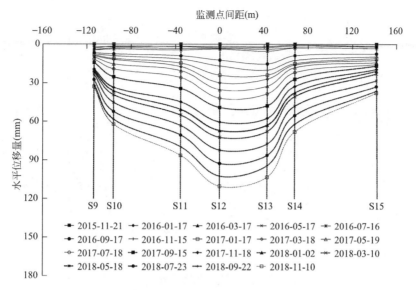

图 6.30　全站仪自由设站法典型断面的地表水平位移曲线

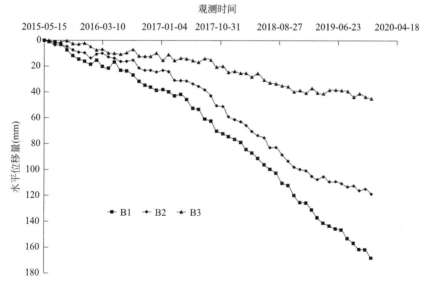

图 6.31　北斗卫星定位测量法的地表水平位移历时曲线

表面宽度测量和裂缝内部发育探测等,裂缝监测情况简要介绍如下[11]:

1) 裂缝发育情况巡查

本工程场地土方填筑完成后,自 2013 年 11 月中旬开始,对场地进行全区域巡查,并采用 GPS RTK 测尺对长度超过 5m、宽度超过 5mm 的裂缝位置、长度和宽度进行了测量记录,现场照片如图 6.32 所示。

（a）位置测量　　　　　　　　　　　　（b）宽度测量

图 6.32　裂缝巡查测量现场照片

2）裂缝表面宽度监测

试验场地于 2013 年 11 月 15 日起进入冬歇期停工，2013 年 12 月 14 日在场地巡察时发现 1B-LF1 号裂缝，2013 年 12 月 17 日在该裂缝处安装了裂缝表面宽度监测装置，裂缝宽度监测点平面位置如图 6.33 所示。如图所示，1B-LF1 号裂缝上共设置了 7 组监测点，除监测位置 LFJC-2 采用电测式裂缝宽度监测装置外，其余监测位置均通过钢尺测量裂缝两侧固定标志点间的相对位移变化，其中监测位置 LFJC-0 与 LFJC-2 用于对比两种监测方法的观测效果，两者之间水平相距 0.4m。

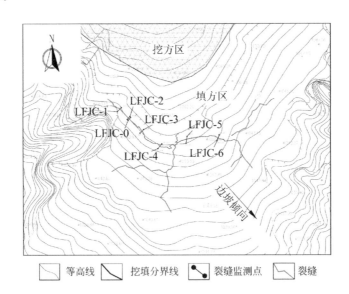

图 6.33　裂缝宽度监测点的平面位置图

3）裂缝内部特征探测

采用高密度电法探测典型裂缝发育区域地表下裂缝（含伴生落水洞）的发育情况，测试仪器为 DUK-2A60，测试工作参照《水利水电工程物探规程》SL 326—2005[12]，间隔系数为 19，收敛系数设为 1，有效电极数为 60 个，采用温纳四极工作模式，测线上电极间距均为 4m。探测线的布设情况如图 6.34 所示。如图所示，除测线 CX4 完全在挖方区外，其他测线 CX1、CX2、CX3、CX5、CX6 跨越挖方区和填方区。

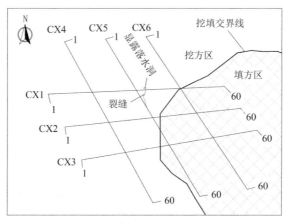

图 6.34　高密度电法探测线布置图

（2）监测结果与分析

1）裂缝的分布特征

依托工程场地中出现的裂缝有干缩裂缝、冻融裂缝和沉降裂缝等，其中干缩裂缝、冻融裂缝都发生于浅表层，裂缝的长度较短和深度较浅，对工程影响很小，而沉降裂缝发育较多，且在地表下一定深度，对工程影响较大。工程场地内的典型沉降裂缝照片如图 6.35 所示，典型裂缝形态与组合如图 6.36 所示。由图

图 6.35　工程场地内发育的典型裂缝

可知，场地内裂缝的形态主要为直线状、弧线状、波纹状和分叉状等，平面组合方式主要有侧列式、侧现式和断续式等形式。

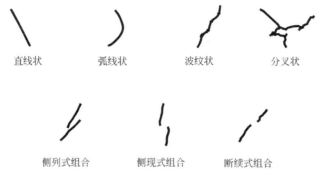

直线状　　　　弧线状　　　　波纹状　　　　分叉状

侧列式组合　　　　侧现式组合　　　　断续式组合

图 6.36　裂缝的典型形态与组合

通过实地巡查发现，裂缝的裂口呈上宽下窄的尖楔形，壁面粗糙不平，两壁无明显错动迹象，部分裂缝下部被上部风干或脱落的土颗粒填充，从地面肉眼可见部分出露深度一般不超过 2m，但其向下部延伸可能更深。由于黄土高填方场地中的裂缝带土体松散破碎，孔隙较大，当有地表水入渗时，裂缝带容易形成冲沟或低洼地带，而这些负地形又成为地表水的汇聚点和入渗的优势通道。为此，一些地势较低的区域，裂缝有时会伴生有塌陷落水洞。工程场地中某典型裂缝及伴生落水洞的现场照片如图 6.37 所示。

图 6.37　裂缝及伴生落水洞

截至 2014 年 8 月 13 日，工程场地内共发现沉降裂缝 84 条，其中最长的裂缝延伸达 283m，最大缝宽达 52mm。裂缝的统计分析结果显示，分布在填方区的裂缝占总数的 94%，而分布在挖方区的裂缝仅占总数的 6%。裂缝数量在不同填土厚度区间的分布情况如图 6.38 所示。填方厚度为 0～5m、5～10m、10～15m、15～20m 和＞20m 区间内的裂缝数量分别占裂缝总数量的 63.3%、25.3%、6.3%、0.0% 和 5.1%。通过统计填方区裂缝与挖填交界线距离，得到裂缝数量在不同距离区间的分布情况如图 6.39 所示。裂缝与挖填分界线距离为 0～5m、5～10m、10～15m、15～20m 和＞20m 区间内的裂缝数量分别占裂缝总数量的 19.0%、25.3%、15.2%、12.7% 和 27.9%。裂缝数量在不同长度区间的分布情况如图 6.40 所示。裂缝延展长度主要集中在 0～60m 之间，以 20～40m 为最多（占裂缝总数的 40%），其余裂缝以 20m 为差值区间，发育数量大致相当，裂缝的平均长度约 49m。各裂缝最大张开宽度的统计结果如图 6.41 所示。由图可知，裂缝宽度普遍较小，其中宽度在 5～15mm 之间的裂缝，超过总数的一半，裂缝的最大宽度约为 52mm，平均约为 21mm。由上述统计结果可知，裂缝主要发生在挖填分界线填方区一侧，填方厚度小于 15m 以及距离挖填

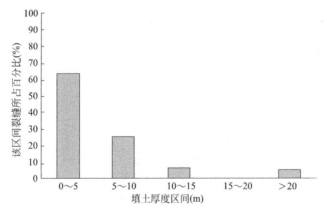

图 6.38 裂缝数量在不同填土厚度区间的分布

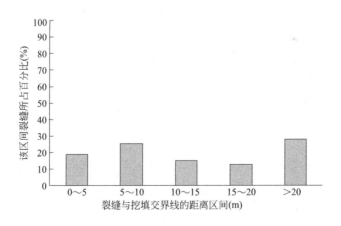

图 6.39 裂缝数量在不同距离区间的分布

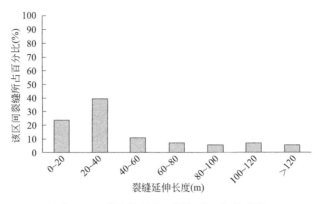

图 6.40　裂缝数量在不同长度区间的分布

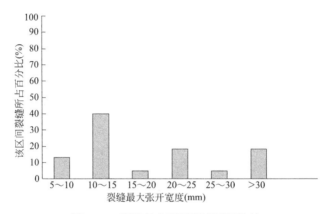

图 6.41　裂缝最大张开宽度情况统计

分界线 20m 以内的条带状区域内，且以挖填交界面过渡带（挖填厚度≤5m）范围为主。裂缝的空间分布、发育时间和发育产状具有如下特点：

①成带性：裂缝在空间分布上集中分布在挖填交界过渡带，在原地基地形变化较大的地段一般会出现主干裂缝和伴生裂缝组成的裂缝带。

②时效性：根据现场调查发现，填方竣工或阶段性停工初期（一般是 1 个月后开始出现）是裂缝高发期，这时填方区会有较大的差异沉降，裂缝多在该时段集中出现，且有持续开裂、相互贯通的趋势。

③方向性：裂缝发育产状与原地基地形有明显的对应关系，裂缝倾向大致与原沟谷坡体倾向近乎垂直，裂缝走向几乎与挖填界线或原地基等高线基本一致，并随原沟谷斜坡地形曲折变化。

2）裂缝的宽度变化特征

裂缝表面宽度的监测工作，自 2013 年 12 月 22 日开始至 2014 年 3 月 15 日复工后结束。典型裂缝宽度随时间变化曲线如图 6.42 所示。由图可知，监测位置 LFJC-0 与 LFJC-2 的监测结果基本一致，表明设计的裂缝宽度监测新装置的测试结果可靠。裂缝表面宽度在停工初期变化较快，约 1 个月后裂缝表面宽度增大速率明显降低，并逐步趋于稳定。监测区域的裂缝表面宽度变化规律表明，裂缝从出现到趋于缓慢需要约 3 个月时间。在此期间，裂缝两侧的差异沉降增大较快，对应裂缝宽度也将持续增大。若过早地对裂缝进行处理，则反而会因该区域的沉降尚未稳定，显露裂缝大概率会再次出现。因此，在裂缝处理前应防止地表水沿缝汇集下渗，宜待裂缝宽度基本稳定后，再对裂缝发育区域采取强夯等处理措施。

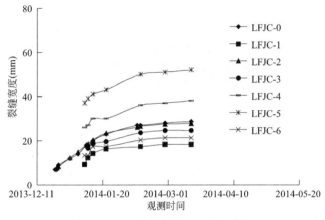

图 6.42　裂缝宽度随时间变化曲线

3）裂缝内部发育特征

高密度电法反演电阻率剖面图如图 6.43 所示。由 CX1～CX6 测线的反演电阻率值范围统计可知，挖方区电阻率变化范围一般为 10～50Ω·m，填方区电阻率变化范围一般为 40～90Ω·m，填方区电阻率总体高于挖方区。CX4 测点无高阻异常区，表明该测线的地下无明显裂缝带或落水洞发育；CX1、CX3、CX5、CX6 在浅部地层（深度 5m 范围内）有向上开口的密集、高阻半闭合圈；CX2 测线横穿裂缝延伸线，当向地下供电探测时，电流线在距起点 50～70m，深度 0～10m 范围内，产生强烈的排斥作用，存在明显的高阻异常区，其电阻率达到 90～186Ω·m，反映在地电剖面上电阻率等值线为闭合高阻圈。根据类似工程场地的探测经验，可初步判定该区域地面下可能存在隐伏落水洞，后经人工洛阳铲探测证实，6.5～7.5m 处土层明显松散，洛阳铲头易于贯入。综合各测线的电阻率测试结果可知，裂缝及伴生的隐伏落水洞（或松散填充体）主要沿原沟谷与填筑体接茬面顺谷坡发育，发育区域主要集中在测线 CX1、CX3 之间与测线 CX4、CX6 之间的各测线交汇形成四边形范围内，作为未来裂缝及其伴生落水洞采用强夯法处理的重点区域，强夯影响深度应不小于 8.0m。

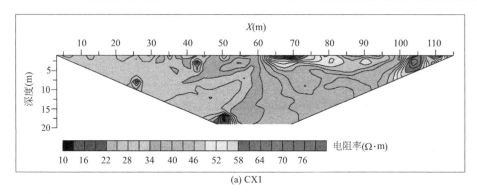

(a) CX1

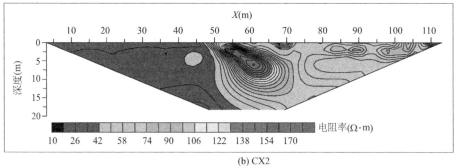

(b) CX2

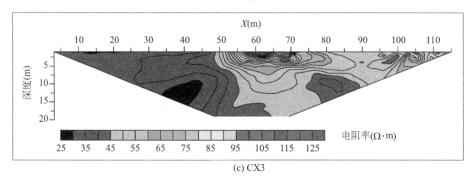

(c) CX3

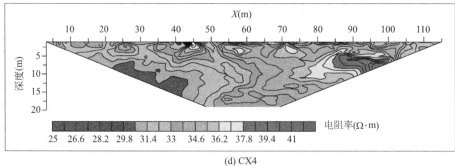

(d) CX4

图 6.43　反演的电阻率剖面图 （一）

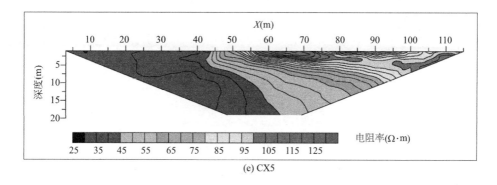

(e) CX5

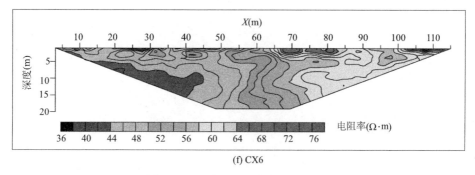

(f) CX6

图 6.43　反演的电阻率剖面图（二）

6.3.6　土压力监测

（1）监测概况

试验场地 I 中 DM1 断面的土压力监测点布置如图 6.44 所示。土压力测点采取下密上疏的方式布置，测点的垂直间距为 5～20m。监测仪器采用钢弦式土压力计，量程为 3.0MPa，分辨率为 0.1%F.S，工作温度为−25～60℃。土压力计安装前采用砂标法进行了重新标定，安装时将土压力计受力膜（承压膜）面朝上，随填筑施工同步埋设，观测施工期和工后期全过程的土压力变化。

（2）监测结果与分析

1）土压力与填土厚度关系曲线

由前文第 4.2.3 节可知，监测点 JCS3-E1、JCS3-E2 在探井内埋设，探井内外土体密实度有差异，导致测值不准确，此处不予讨论。监测点 JCS3-E1、JCS3-E2 的土压力观测值与填土厚度关系曲线如图 6.45 所示。由图可知，土压力观测值随填土厚度的增加均近似呈线性增大，但与单位填土厚度引起的土压力增量有较大差别。当填土达到设计高度后，高填方地基内部的应力状态仍会发生变化，这与土体固结引起的高填方体内应力场变化有关。

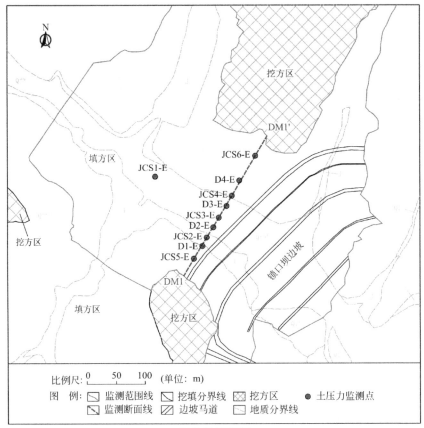

(a) 监测点平面图

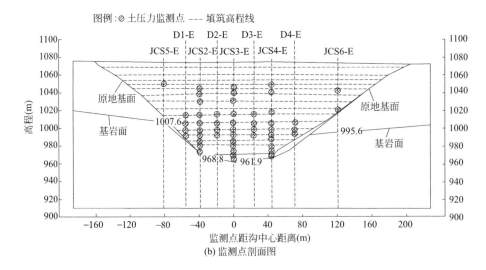

(b) 监测点剖面图

图 6.44 试验场地Ⅰ的土压力监测点布置图

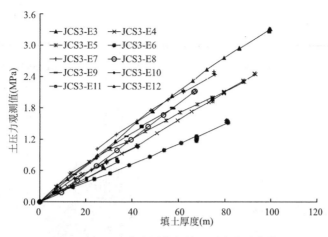

图 6.45　土压力观测值与填土厚度关系曲线

2）土压力沿深度方向的变化规律

试验场地 I 中典型监测点的土压力观测值与填土厚度关系曲线见图 6.46。由图可知，因监测点位置不同，土压力观测值随深度增加分为先增大后减小再增大型和连续增大型两种类型，主要特点如下[4]：

①先增大后减小再增大型：该型测点主要位于沟谷中部的填土中。监测点 JCS2-E（原地基土厚度为 1.1m、总填土厚度为 103.8m）、JCS3-E（原地基土厚度为 5.1m、总填土厚度为 106.5m）、监测点 JCS4-E（原地基土厚度为 2.9m、

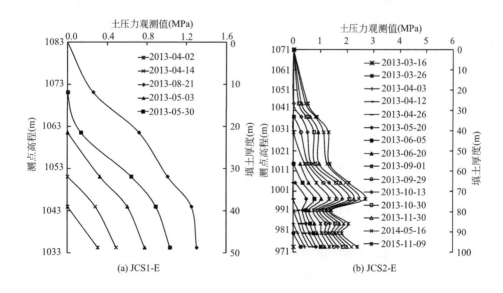

图 6.46　典型监测点土压力观测值与填土厚度关系曲线（一）

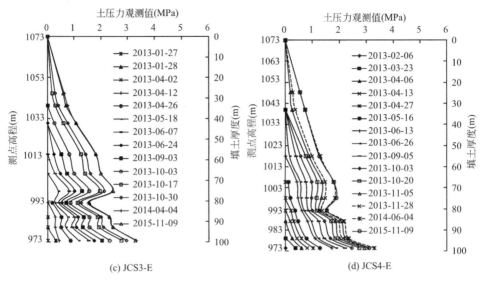

图 6.46 典型监测点土压力观测值与填土厚度关系曲线（二）

总填土厚度为 104.2m）的土压力观测值由增大变为减小的转折点出现在高程 997.7m、998.3m、998.7m，距填筑体顶面的深度分别约为 73.6m、75.2m、74.7m，从填筑体底部起算，转折点约位于总填土厚度的约 1/3 深度处。

②连续增大型：该类测点主要位于宽敞沟谷或沟谷斜坡部位的填土中。以监测点 JCS1-E 为例，土压力随填土厚度的增加持续增大，因填土并非完全均质，呈现出折线分布的特征。上述土压力分布特征与土拱效应有关，由于土拱效应的存在，使得一些沟谷两侧会对沟谷中部的土压力起到一定的分担作用，这就导致在沟谷填方一定深度处，沟谷中部的实测土压力小于理论计算值，而沟谷两侧实测土压力常大于理论计算值。

6.3.7 孔隙水压力监测

（1）监测概况

试验场地内典型的孔隙水压力测点布置情况如图 6.47 所示。如图所示，在试验场地Ⅰ沟谷填方区中部冲洪积层分布较厚的部位，设置了孔隙水压力监测点 JCS1-P、JCS2-P、JCS3-P、JCS4-P，孔隙水压力测点的垂直间距（高差）为 3m。监测仪器采用差动变压式孔隙水压力计，量程为 0.6MPa，分辨精度为 0.1%F.S，工作温度为 -25～60℃。孔隙水压力计在原地基饱和淤积土中采用压入埋设法，在非饱和土中采用钻孔埋设法；在填筑体中随填筑施工，采用探井埋设法。孔隙水压力监测点旁设置了分层沉降和地下水位监测点，用于校正孔隙水压力观测值。

(a) 监测点平面图

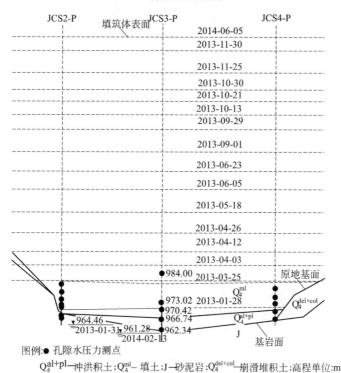

图例:● 孔隙水压力测点

Q_4^{al+pl}—冲洪积土;Q_4^{ml}—填土;J—砂泥岩;$Q_4^{del+col}$—崩滑堆积土;高程单位:m

(b) 检测点剖面图

图 6.47 试验场地 I 典型断面的孔隙水压力测点布置图

（2）监测结果与分析

1）孔隙水压力的增长和消散规律

试验场地中典型监测点不同深度处的孔隙水压力时程曲线分别如图 6.48 所示。根据前文所述的孔隙水压力修正方法，计算各测点的超静孔隙水压力值，并绘制超静孔隙水压力时程曲线如图 6.49 所示。从图中可看出，试验场地 I 内的孔隙水压力变化类型主要为 3 类[13]：

①即时变化型：该型测点位于地下水位以下的饱和土层中。图中测点 $H =$ 962.34m 处的孔隙水压力计埋设后即开始增长，其增长和消散速率与土方填筑速率有良好的相关性。在施工时段，土方填筑速率快时，孔隙水无法在较短的时间内全部挤出，孔隙水压力迅速增大，经连续施工后达到孔隙水压力峰值；土方填筑速率慢时，超静孔隙水压力增长变缓甚至发生消散；在临时停工时段和工后时段，超静孔隙水压力均表现出先快速消散后缓慢消散的特点，这符合超静孔隙水压力的一般增长和消散规律。

②逐步变化型：该型测点位于邻近地下水位面的非饱和土层中。图 6.48 中监测高程为 966.74m 的测点，位于地下水位（水位变化范围：961.28～964.46m）之上，初期并未观测到孔隙水压力，但随着填土厚度增大，上覆荷载增加，土体逐步压缩，土中孔隙减小，土的含水率在远离地下水位面深度处变化不大，但受地下水位以上毛细水上升高度影响，在邻近地下水位面的深度处有所增加，均会使土的饱和度逐步增大。当土的饱和度增大至一定程度后，土的变形趋势会引起类似饱和土的超静孔隙水压力[14]。

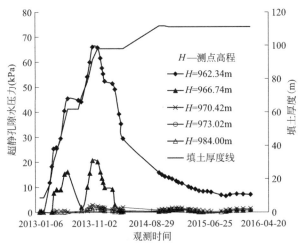

图 6.48　试验场地 I 中 JCS3-P 的孔隙水压力时程曲线

③未变化型：该型测点位于远离地下水位面的非饱和土中。图 6.48 中多个测点在整个施工期和工后期的孔隙水压力观测值几乎一直是 0，处于无变化状

态。这是因为当孔隙水压力测点位于地下水位毛细水上升高度影响范围之外时，填土的含水率变化较小，在饱和度较低的情况下，无法引起类似饱和土的孔隙水压力。

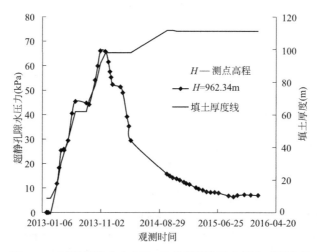

图 6.49　试验场地Ⅰ中 JCS3-P 的超静孔隙水压力时程曲线

2）孔隙水压力反映的地基稳定状态

根据土力学理论，在平面应变状态下，当地基处于稳定状态时，饱和黏性土中孔隙水压力增量可表示为[15]：

$$\Delta u = K'_u \Delta p \qquad (6.1)$$

式中，Δu 为孔隙水压力增量（kPa）；K'_u 为单级荷载孔隙水压力系数；Δp 为荷载增量，由 $\Delta p = \gamma \Delta h$ 计算，其中：γ 为填土重度（kN/m³），Δh 为上覆填土厚度增量（m），填土重度平均值 $\gamma = 19.88$kN/m³。当土方连续填筑多级加载时，多级荷载孔隙水压力系数 K_u 值由式（6.2）计算。

$$K_u = \sum \Delta u / \sum \Delta p \qquad (6.2)$$

当地基处于稳定状态时，孔隙水压力累计增量与填土荷载累计增量近似呈线性关系，当地基处于失稳状态时，二者的关系曲线会出现非线性转折[15]。孔隙水压力累计增量 $\sum \Delta u$ 与填土荷载累计增量 $\sum \Delta p$ 间的关系曲线如图 6.50 所示。监测点在饱和土层中的 $\sum \Delta u$-$\sum \Delta p$ 关系可知，孔隙水压力累计增量与填土荷载累计增量之间近似呈线性关系，表明高填方地基处于稳定状态。

6.3.8　地下水位监测

（1）监测概况

试验场地Ⅱ内的地下水位监测点平面位置如图 6.51 所示，监测点主要结合原场地地形地貌，设置在原沟谷地形较低处、原有自然冲沟中部等区域内，毗邻

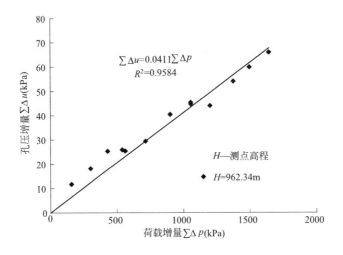

图 6.50　试验场地Ⅰ中监测点 JCS3-P 的$\sum \Delta u$-$\sum \Delta p$ 关系曲线

图 6.51　典型地下水位监测点的平面位置图

排水盲沟处、主沟与支沟交汇处等代表性部位。依托工程原地基和填筑体内湿陷性黄土的沉降变形会受地下水位变动影响，为此根据工程场地的地下水埋藏条件，水位观测孔的孔底穿过土层进入到基岩以内，以实现对基岩面以上土层内地下水位的观测。地下水位的监测仪器采用悬锤式水位计（即钢尺水位计）和压力式水位计，其中悬锤式水位计量程为 100m，探头探测误差范围 ±0.5mm，适用温度 -20～60℃，输出响应速度≤1ms，用于施工期和工后期的地下水位人工观测；压力式水位计量程为 10m，分辨力为 1cm，精度为 0.5%F.S，适用温度 -20～80℃，用于工后期重点部位的地下水位自动化观测。由于高填方地基会产生较大的沉降，会带动水位管发生沉降变形。为更准确地获得地下水位高程变化，观测过程对孔口高程进行了复测。

（2）监测结果与分析

试验场地Ⅱ的地下水位历时曲线如图 6.52 所示。图中所示的 6 个地下水位监测点中，JCS-Z9-W 和 JCS-Z11-W 的地下水位面在基岩面以下，观测期内土层中未观测到地下水位。观测期内工程场地填方区上、中、下游的地下水位变化趋势总体一致，即在施工期有明显抬升，停工及竣工后地下水缓慢下降，施工后的地下水位总体高于施工前，最大上升高度约为 4.67m，上述现象的原因如下[16]：

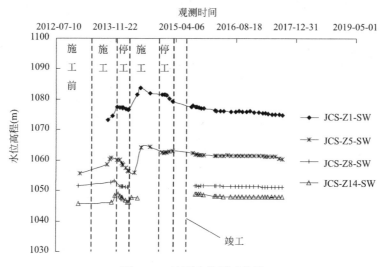

图 6.52　地下水位历时曲线

①土方填筑施工前，场区的地表水、大气降水主要沿土层的空隙、裂隙下渗，进入由第四系孔隙潜水和侏罗系基岩裂隙水构成的含水层，同时地下水与地表水不断沿着地形走势自周边分水岭向沟谷中部汇集并排泄于场区外；

②土方填筑过程中，原始沟谷被非饱和黄土填实，沟谷场地内原始地表水、大气降水短期内难以对地下水进行补给，但原地基饱和土在上覆填土荷载作用

下，原地基饱和土中的孔隙水会向四周排出，进而引起地下水位抬升；

③土方填筑结束后，上覆填土荷载基本保持不变，原地基饱和土不断排水固结，地下水向沟谷底部的盲沟汇集并不断排出，地下水位不断降低最后趋于稳定，此后会形成新的含水层，建立新的补给、径流和排水路径。

6.3.9　盲沟水流量监测

（1）监测概况

试验场地Ⅰ的盲沟水流量监测点平面位置如图 6.53 所示，该监测点位于北区一期下游的主盲沟出水口处。北区一期场区内的桥儿沟及其支沟进塔沟、刘家沟等含水层中的地下水渗入盲沟后，顺地势向桥儿沟沟口处汇集并排出区外，因此该监测点所测水流量为工程场区所有盲沟的总排水量。为准确监测自由流条件的主盲沟水流量，在主盲沟出水口下游无客水干扰段采用混凝土砌筑设置了 3m 长的排水沟槽，在排水沟槽下游端部安装直角三角形堰，堰板口高 $H=20\mathrm{cm}$，

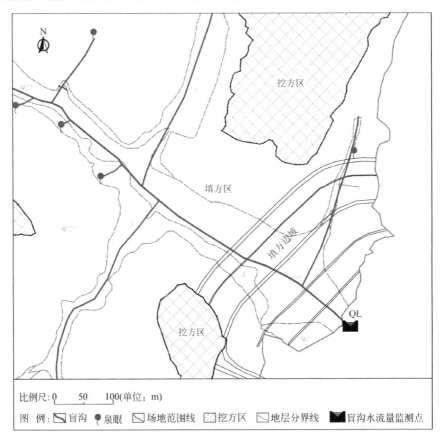

图 6.53　盲沟水流量监测点的平面位置图

槛高 $p=60\mathrm{cm}$，堰高 $D=40\mathrm{cm}$，堰宽 $L=80\mathrm{cm}$，边宽 $T=20\mathrm{cm}$。土方填筑施工前采用测流速法、容积法观测原场地内河流、泉眼出露点的水流量，用于对比挖填造地前后场区由地表向外排水量。盲沟水流量监测跨越施工期和工后期两个阶段：当在施工期进行短期观测时，盲沟随施工分段向下游延伸，在主盲沟排水口处修筑临时堰槽段安装堰板；当在工后期进行长期观测时，直接将堰板浇筑在与盲管相连的永久堰槽段内。在观测主盲沟水流量的同时，还搜集了当地连续 2 年的降水量资料，对比分析二者的关联性。

（2）监测结果与分析

本次主盲沟出水口位置的水流量监测工作自 2012 年 10 月 29 日开始，盲沟水流量监测结果如图 6.54 所示。由图可知，主盲沟水流量的丰水期一般出现在每年 6 月—8 月间，枯水期一般出现在当年 11 月—次年 4 月间。通过与同时期的大气降水量与盲沟水流量的对应关系可以发现，降水量的季节分配影响着盲沟水流量的变化，盲沟水流量变化对大气降水变化的响应存在一定的时间滞后性。在观测时段内，主盲沟的水流量变化主要经历了四个典型阶段[13]：

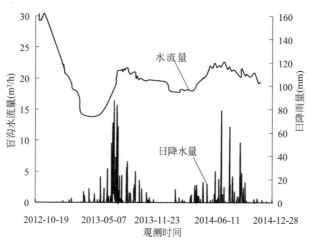

图 6.54　盲沟水流量-降水量-时间关系曲线

1）阶段 Ⅰ：2012 年 10 月—2013 年 2 月，主盲沟的水流量持续降低，其中冬歇停工期间，水流量从最初监测时的 $32.6\mathrm{m^3/h}$ 降低至 $18.3\mathrm{m^3/h}$，该阶段的水流量变化与施工引起含水岩土渗透性降低及大气降水补给较少等有关。

2）阶段 Ⅱ：2013 年 3 月—2013 年 5 月，春季施工期间，水流量进一步降低，本阶段水流量维持在低值范围内，平均值为 $14.4\mathrm{m^3/h}$，该阶段的水流量变化与上游施工抽取地下水及该时期大气降水较少等因素有关。

3）阶段 Ⅲ：2013 年 6 月—2013 年 9 月，因大气降水较多，地下水获得补给，且因雨期停工较多，上游施工抽水量减少，此时盲沟出水量逐步增大至峰值流量 $21.7m^3/h$，但仅为施工初期流量的 67%。

4）阶段Ⅳ：2013 年 10 月后，土方施工大部分已经完成，大气降水减少，水流量又开始逐步降低，但变化幅度明显低于施工期，此时水流量随季节变化的规律明显，这一变化特征与场地所在大区域地下水补径排关系密切。

本工程场区的地下水补给来源主要为大气降水及地表水的渗透补给。在挖填造地前，原地基中的黄土孔隙水、松散层孔隙水、基岩风化壳裂隙水的径流受地貌形态控制，由地势较高区域向地势较低的区域径流即由梁峁向沟谷、由支沟向主沟、再由沟谷上游向沟谷下游至延河主河谷，地下水的分水岭与现状地形分水岭一致；淤积层孔隙水在各淤积坝内基本呈滞流状态；延安组底部的砂砾岩含水层、富县组含水层及瓦窑堡深层含水层，地下水径流受控于岩层的单斜构造，以顺层流动为主，由西北向东南方向径流，仅延安组底部的砂砾岩在沟谷下游出露，但该区地形破碎，该含水岩层无大量的补给来源。在挖填造地后，一方面原地基土经处理，密实度提高，渗透性降低，地表水由地面排水沟排出场外，大气降水不易在短期内渗入地下补给地下水；另一方面，工程场地与其周边区域形成了一个整体的地下水存储与循环系统，每年集中或间歇的大气降水补给可作为储蓄量，后续缓慢释放。

6.3.10　土体含水率监测

（1）监测概况

延安新区东区某含水率监测点的平面位置如图 6.55 所示。如图所示，该监测点设置在填方区的沟谷中心位置，用于监测降雨入渗条件下填土中的水分迁移规律。监测仪器采用土壤水分计，量程为 0～100%，分辨率为 0.01%，埋设前进行了标定，埋设时首先在监测点处开挖深度为 28m、直径为 0.6m 的探井，每间隔 1.0m 取原状土样，接着在探井侧壁上安装土壤水分计探头，之后将土壤水分计电缆线集中绑扎成一束安置在探井侧壁的引线槽中引至地面，然后对探井进行分层夯实回填，探井内填土密实度、含水率与开挖前基本一致，最后接入自动化监测系统。

监测深度范围内土体的基本物理力学性质指标如表 6.7 所示，土体含水率监测点的剖面布置及场地地层如图 6.56 所示。由图可知，土壤水分计监测点按照上密下疏的原则布置：从地面下 0.2m 开始，深度为 0.2～1.0m 时，探头间距为 0.2m；深度为 1.0～4.0m 时，探头间距为 0.5m；深度为 4.0～8.0m 时，探头间距为 1.0m；深度为 8.0～16.0m 时，探头间距为 2.0m；深度 16.0～28.0m 时，探头间距为 4.0m；监测深度范围内共设置土壤水分计探头 22 个。

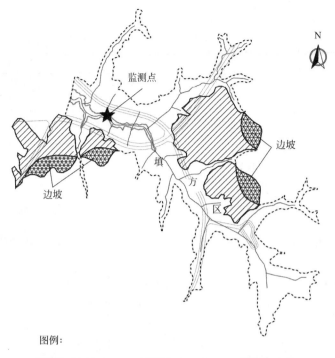

图例:

★ 监测点　　 ////// 挖方区　　 ⊠ 边坡

⌐ 填方区边界线　　 冲沟边界线　　 盲沟

图 6.55　土体含水率监测点的平面位置示意图

监测深度范围内土体的基本物理力学性质指标　　　　　表 6.7

深度 h（m）	含水率 w（%）	干密度 ρ_d （g/cm^3）	孔隙比 e_0	相对密度 G_s	液限 w_L	塑限 w_P	塑性指数 I_P	压缩模量 $E_{s0.1-0.2}$ （MPa）	黏粒 含量（%） （<0.005mm）
0.5	17.2	1.56	0.736	2.71	28.4	17.5	10.9	17.36	10.3
1.0	15.8	1.74	0.554	2.71	28.8	17.7	11.1	11.95	11.3
1.5	17.5	1.75	0.551	2.72	30.5	18.5	12.0	9.12	14.5
2.0	18.1	1.66	0.639	2.72	30.3	18.4	11.9	20.49	11.3
2.5	17.8	1.63	0.663	2.71	29.0	17.8	11.2	18.48	11.4
3.0	17.8	1.70	0.596	2.71	29.3	18.0	11.3	14.51	12.4
3.5	17.4	1.70	0.591	2.71	30.2	18.4	11.8	14.46	13.5
4.0	16.8	1.71	0.583	2.71	29.5	18.1	11.4	17.59	10.9
5.0	12.1	1.71	0.582	2.71	27.4	17.0	10.4	22.60	10.6
6.0	13.2	1.51	0.794	2.71	28.4	17.5	10.9	17.94	13.0
7.0	12.9	1.50	0.810	2.71	27.6	17.1	10.5	12.07	12.5
8.0	10.8	1.65	0.641	2.71	27.1	16.9	10.2	18.23	10.9
10.0	14.0	1.68	0.603	2.70	26.5	16.1	9.4	20.04	8.7
12.0	16.4	1.68	0.612	2.70	26.5	16.6	9.9	14.65	9.8

深度 h(m)	含水率 w(%)	干密度 ρ_d (g/cm³)	孔隙比 e_0	相对密度 G_s	液限 w_L	塑限 w_P	塑性指数 I_P	压缩模量 $E_{s0.1-0.2}$ (MPa)	黏粒 含量(%) (<0.005mm)
14.0	14.8	1.68	0.612	2.71	28.3	17.5	10.8	17.91	11.2
16.0	12.1	1.67	0.619	2.70	25.8	16.2	9.6	14.72	9.7
20.0	17.1	1.56	0.734	2.71	28.2	17.4	10.8	13.34	11.9
24.0	15.9	1.56	0.735	2.71	28.7	17.7	11.0	17.35	13.2
28.0	15.4	1.70	0.596	2.71	29.6	18.1	11.5	10.64	12.8

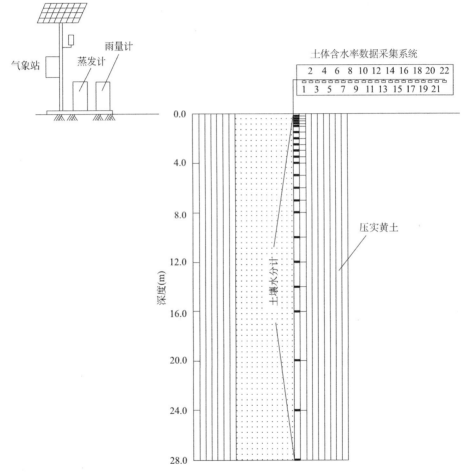

图 6.56 土体含水率测点的剖面布置及场地地层

（2）监测结果及分析

本次除监测不同深度土体的含水率外，还获得了 2019 年 7 月—2022 年 2 月间的降水量、蒸发量和气温变化观测数据。蒸发量-降水量-气温-土体含水率历时变化曲线如图 6.57 所示。监测点附近的场地较平坦，除大暴雨时沟低洼地带有

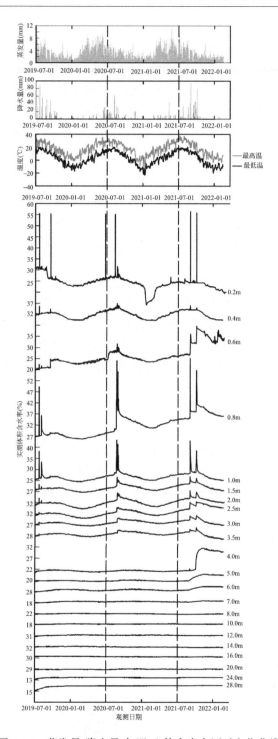

图 6.57　蒸发量-降水量-气温-土体含水率历时变化曲线

少量积水外，一般大气降水落到地面后，一部分渗入地下，一部分转化为地表径流，一部分蒸发返回大气中。由图可知，该地区最大降水量出现在 7 月—8 月份，9 月—10 月逐渐降低，11 月—次年 3 月降水量很少，4 月—6 月降水量逐渐升高；最大蒸发量出现在 6～8 月，到次年 1 月降至最低，其后又逐渐升高，与气温变化具有良好的一致性。降水量监测结果显示，2019 年 7 月 11 日、2019 年 7 月 21 日、2019 年 7 月 28 日、2019 年 8 月 3 日—4 日、2019 年 8 月 20 日、2019 年 8 月 26 日、2019 年 9 月 12 日—13 日、2020 年 6 月 16 日、2020 年 8 月 4 日—5 日、2020 年 8 月 16 日、2020 年 8 月 23 日、2021 年 5 月 15 日、2021 年 7 月 25 日、2021 年 8 月 21 日、2021 年 8 月 30 日、2021 年 9 月 3 日、2021 年 9 月 18 日、2021 年 9 月 24 日、2021 年 10 月 3 日—5 日均发生了降水，土体含水率监测数据能够反映出短时强降水引起的浅部地层土体含水率骤升的特性。总体而言，当日降水量大于 29mm/d 时，才会引起浅部地层中的含水率骤增；降水量越大，含水率增幅越大，影响深度越大，随着深度增加，含水率增幅减小，时间逐渐滞后。由图 6.57 可知，不同深度范围内的土体含水率变化特点如下：

1）深度 0.2～1.0m：土体含水率受降水、蒸发影响明显，是大气急剧影响带，数次强降水引起含水率跳跃式骤升，而次日又开始迅速下降。该深度范围内各测点的含水率变化趋势相近，时间上随深度增加略有滞后，总体表现出周年变化的特点。土体含水率在 1 月中下旬最小，而后呈平稳上升，到 8 月中旬达到最大，此后降水量总体呈下降趋势，但蒸发量仍较大，含水率总体呈持续下降趋势。

2）深度 1.5～3.5m：土体含水率在保持周年性背景趋势下其变化幅度明显小于上部土层，且其含水率发生了周年阶段性变化趋势。每年 9 月初达到年度最大含水率，逐渐下降到 2 月底达到最小含水率，期间经历了短暂平稳阶段（在 1.5m 深处持续 1 个月，至 3.5m 深处持续 2 个月）后，逐渐上升至次年 9 月初，下降段平均变化−3.2%，上升段平均变化＋4.0%。

3）深度 4.0～7.0m：土体含水率在 2021 年 7 月 1 日之前，在总体上波动很小，含水率变化不明显，在 2021 年 8 月 21 日—11 月 4 日之间，4.0～6.0m 含水率明显增大，7.0m 处略微有增大。由于监测场地的地下水位大于 30m，远大于监测探井的深度，场地内也无垂直裂隙与落水洞等直接通道，由此判断该变化主要是长期降水非饱和入渗引起。在 2021 年 9 月 3 日的降水量达到 93.7mm，为监测周期内遇到的最高强度降水，最大入渗影响深度达到 7.0m。短期内深层土体含水率一方面变化幅度小，主要集中在 4m 深度以内，但是当长期入渗作用和强降水条件下，水分可以入渗到 7m 处的深部土层。

4）深度 8.0～28.0m：近三年时间该深度范围的土体含水率基本无明显变化，加之地下水位埋深大，表明监测期内土层含水率几乎不受降水影响。地表水直接渗入土层内主要有三种方式：第一种是沿土中孔隙渗入；第二种是沿土中的裂隙渗入；第三种是沿一些洞穴流入。本次在监测点处无裂隙、洞穴，地表水仅依靠土中孔隙渗入，渗入过程缓慢，表明深部土层中的含水率变化是一个长期过程。

6.4　监测信息管理与预警系统

延安新区黄土高填方工程监测点多、周期长、数据量大，以往对监测数据简单汇总、粗略分析，然后提交监测报告的方式难以满足海量、多元数据的整理分析和风险预警要求，为此开发了黄土高填方工程监测信息化管理与预警系统[17]。

6.4.1　系统开发环境

本次选用 Windows 作为操作系统平台，采用 C/S（Client/Server，简称 C/S）网络结构，采用 ADO. NET 支持数据源的交互，使用 Microsoft SQL Server 2008 作为系统数据库，采用数据接口层（DAL）、业务逻辑层（BLL）、表示层（UI）三层软件架构，利用 Visual C++作为系统开发工具。

本次在三维 GIS 可视化平台技术基础上，对 GIS 进行二次开发，通过 AcrS-DE 访问数据库，在 C/S 网络结构模式下，将 ArcGIS Engine 组件和 Microsoft Visual Studio 2010 开发环境相结合，利用 GIS 组件设计与开发三维地理信息子系统，对不同地面要素信息进行显示。

6.4.2　系统架构与组成

黄土高填方工程监测信息化管理与预警系统包含信息管理、数据分析、数据展示、风险预警、文件管理和系统管理等模块，系统架构如图 6.58 所示。

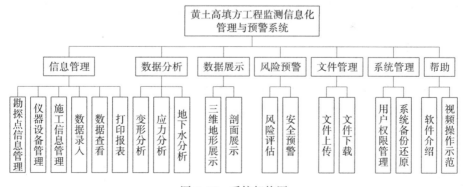

图 6.58　系统架构图

175

6.4.3 系统数据库设计

数据库设计是监测信息化管理与预警系统开发的核心，其设计质量的好坏将直接影响各个子系统的性能、质量及后续系统的扩充。在进行数据库设计时，首先分析对象属性及对象之间的联系，绘制实体-联系图（Entity Relationship Diagram，简称 E-R 图），地表沉降监测的 E-R 图如图 6.59 所示。将 E-R 图设计完成后导入 Microsoft SQL Server 2008 生成数据库可识别的 E-R 图，实现 E-R 图的 SQL 界面化。根据"高内聚、低耦合"的原则，底层数据库只存储基本的数据（即作为数据访问层 DAL），其他数据则通过领域层（业务逻辑层 BLL）调用底层数据库中的基本数据，并通过拼接合并最终在表示层（UI）显示。

6.4.4 三维可视化实现

黄土高填方工程的施工范围大、地质条件复杂，若要实现监测工作的直观可视化管理，则必须首先建立能够充分展示工程场地的地形地貌、地质构造等时空信息的三维地质体模型，使用户可以直观了解工程监测区域的整体现状。本次地质体的三维可视化是基于 ArcGIS Engine 的二次开发功能，利用 ArcGIS 中的 Scene Control、Toolbar Control 等可视化控件，将 GIS 地理数据可视化功能嵌入 C♯. net 开发框架，搭建三维 GIS 可视化平台。三维 GIS 可视化平台调用地理信息数据生成并加载地形数字高程模型（TIN 或 Raster）进行三维地质体建模，然后进行坡度分析、坡向分析、等值线分析和分层设色。图 6.60 为基于

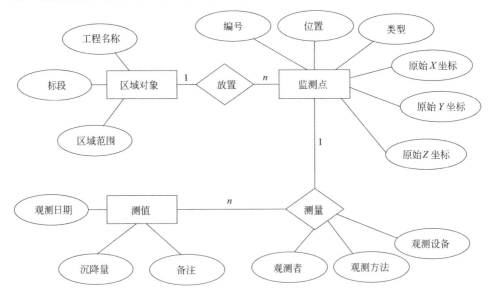

图 6.59　地表沉降监测的 E-R 图

GIS 平台开发的三维地质体模型。

图 6.60　三维地质体模型

6.4.5　系统功能简介

（1）信息管理

信息管理模块可将勘探点信息、设备信息和施工信息等以规定的标准化格式批量录入到数据库，点击打印报表即可生成需要的 Excel 表格。可将数据库中文件以.txt 文本存储，为安全评估预留接口。典型信息管理界面如图 6.61 所示。

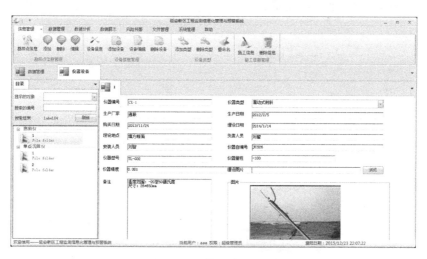

图 6.61　信息管理界面

（2）数据管理

数据管理模块实现了将监测数据单点录入或以约定的格式批量录入到数据库，点击打印报表即可生成需要的 Excel 表格。典型数据管理界面如图 6.62 所示。

图 6.62　数据管理界面

（3）数据分析

数据分析模块实现了在监测对象列表中按照标段、类型、监测点，选择要分析的数据特性，点击"图像生成"，则会跳转至该对象的数据或曲线图界面。典型数据分析界面如图 6.63 所示。

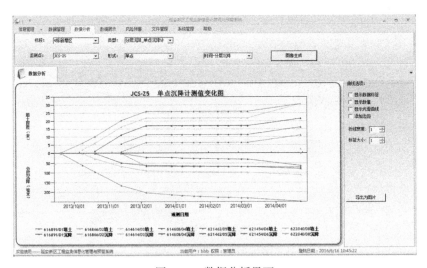

图 6.63　数据分析界面

（4）数据展示

数据展示模块实现了加载三维地形图、加载 TIN 数据、点击查看监测点数据、分层设色、坡度分析和剖面分析等功能。本次将监测点信息包含在 GIS 地图的点要素、线要素和区域要素中，显示到地质模型上，帮助工程技术人员直观掌握监测点位置的信息。用户通过要素实体包含的监测点信息匹配监测信息数据库，从而实现了空间要素和监测数据的关联，并能调用软件业务逻辑层的数据分析功能实现监测信息的分析与可视化。典型数据展示界面如图 6.64 所示。

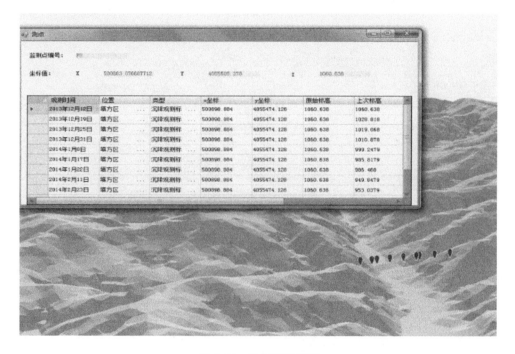

图 6.64　数据展示界面

（5）风险预警

风险预警模块建立了高填方工程安全的模糊综合评价模型，利用 Visual Basic 语言编制模糊综合评价程序，典型风险预警界面如图 6.65 所示。

（6）文件管理

文件管理模块包括文件的打开、添加、查找和保存等操作。典型文件管理界面如图 6.66 所示。

（7）系统管理

根据用户类型拥有的数据权限，授予用户对其部门或者机构的数据进行访问。典型系统管理界面如图 6.67 所示。

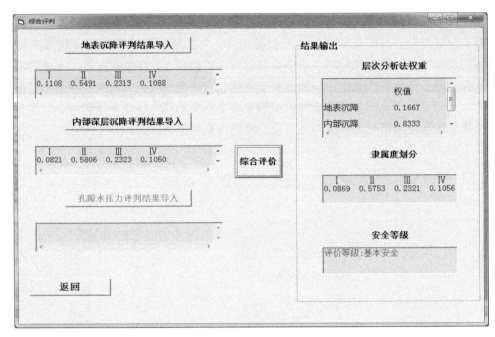

图 6.65　风险预警界面

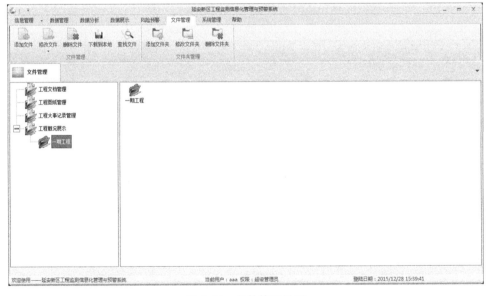

图 6.66　文件管理界面

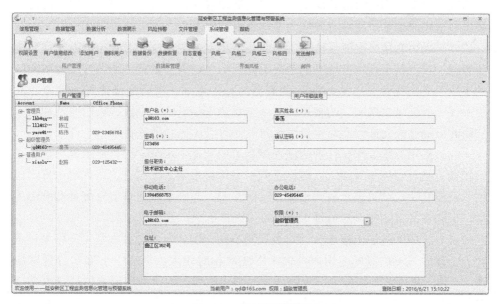

图 6.67 系统管理界面

6.5 本章小结

（1）采用串接式位移计法、深层沉降标法和电磁式沉降仪法相结合，完整获得了高填方工程全过程的深部沉降数据，监测结果显示总沉降曲线近似呈阶梯状变化，与填筑加载过程曲线相对应，填土连续施工时，填土厚度增大，沉降迅速增大，沉降曲线较陡，停荷恒载条件下，沉降曲线变缓并趋于收敛。

（2）采用现场巡查、裂缝表面宽度测量和裂缝内部发育探测等综合方法，监测典型裂缝的分布和发育特征，结果显示黄土高填方场地裂缝具有成带性、时效性、方向性等特点，集中于挖填分界线填方区一侧，填方厚度小于 15m 以及距离挖填分界线 20m 以内的条带状区域内，以挖填交界面过渡带（挖填厚度小于 5m）范围为主。

（3）采用沿沟谷横断面埋设土压力计的方法，观测土中施工过程的土压力变化及分布，结果显示沟谷中产生"土拱效应"，使得沟谷两侧对沟谷中部的土压力起到一定的"减载作用"，将土压力转移到沟谷两侧，导致一些沟谷中心位置的分层压缩量的峰值点位于填筑体厚度的 0.2～0.3 倍高度处，而使一些沟谷两侧斜坡位置的最大分层压缩变形发生在填筑体中下层。

（4）采用在沟谷中饱和土、地下水位线以上一定范围内埋设孔隙水压力计，监测施工期及工后期的孔隙水压力变化，结果显示施工期孔隙水压力随填土荷载增加同步增大，停荷恒载孔压消散，工后期超静孔隙水压力值较小，但消散过程缓慢，饱和原地基土层在有效应力基本不变的情况下，产生的沉降很小。

（5）采用光学水准测量法为主、北斗卫星定位测量法和 PS-InSAR 变形测量法为辅，观测黄土高填方地基的地表沉降变形，结果显示黄土高填方工程填方区的工后沉降曲线属于"缓变型"，随观测时长的增加，沉降曲线逐步由陡急趋向于平缓，但并未出现明显的拐点，尚未出现趋于稳定的水平段，表明非饱和黄土的瞬时沉降已经完成，此时主要发生排气条件下的固结压缩变形。

（6）采用悬垂式水位计观测施工期和工后期地下水位，结果显示地下水位在施工期有抬升，停工及竣工后缓慢下降；采用量水堰法和测流速法观测主盲沟口的水流量变化，结果显示盲沟水流量清澈平稳，与降水量的季节分配具有响应关系，但存在一定的时间滞后性。

（7）采用介电法土壤水分计定点观测不同深度处土中含水率变化，结果显示填方上部大气影响深度范围内，含水率波动相对较大，填方中下部水分迁移缓慢。土体含水率监测数据能够反映出短时强降水引起的浅部地层土体的含水率骤升的特性。总体而言，当降水量超过 29mm/d 时，浅部地层土体，含水率产生突变增加，即能引起含水率突变的日降水量在 29mm/d 附近。

（8）基于数据库平台，构建后台监测数据管理平台，利用 ArcGIS Engine 的二次开发功能，将 GIS 地理数据可视化功能嵌入 C♯.net 开发框架，搭建三维GIS 可视化平台，实现土体内部信息和时间动态数据的分析与可视化，为延安新区黄土高填方工程监测数据的集成管理、分析与展示提供了平台。

本章参考文献

[1] 机械工业勘察设计研究院有限公司，空军工程设计局，信息产业部电子综合勘察研究院，等．延安市新区一期综合开发工程工程地质勘察报告［R］．2012.

[2] 西安市地质矿产研究所，延安市地下工作队．延安市新区（北区）一期工程 1：2000 水文地质环境地质勘察报告［R］．2012.

[3] 中国民航机场建设集团公司．延安新区（北区）一期场地平整工程岩土工程设计［R］．2012.

[4] 于永堂．黄土高填方场地沉降变形规律与预测方法研究［D］．西安：西安建筑科技大学，2020.

[5] 中华人民共和国住房和城乡建设部．工程测量：GB 50026—2020［S］．北京：中国计划出版社，2021.

[6] 葛苗苗，李宁，郑建国，等．基于一维固结试验的压实黄土蠕变模型［J］．岩土力学，2015，36（11）：3164-3170.

[7] 于永堂，郑建国，张继文，等．基于卡尔曼滤波与指数平滑法融合模型的沉降预测新方

法［J］. 岩土工程学报，2021，43（S1）：127-131.

[8]　机械工业勘察设计研究院有限公司. 延安新区北区一期综合开发工程岩土工程延续监测分析报告（2017—2019 年）［R］. 2019.

[9]　梁小龙，王建业，白泽朝，等. 基于 PS-InSAR 技术的黄土大厚度挖方区回弹变形规律分析［J］. 测绘通报，2020（3）：163-166.

[10]　王建业，梁小龙，金喜，等. 黄土填方区地表沉降时序 InSAR 监测分析［J］. 测绘通报，2021（8）：158-161.

[11]　于永堂，郑建国，张继文，等. 黄土高填方场地裂缝的发育特征及分布规律［J］. 中国地质灾害与防治学报，2021，32（4）：85-92.

[12]　中华人民共和国水利部. 水利水电工程物探规程：SL 326—2005［S］. 北京：中国水利水电出版社，2005.

[13]　于永堂，郑建国，张继文，等. 黄土高填方场地孔隙水压力的变化规律［J］. 土木与环境工程学报（中英文），2021，43（6）：10-16.

[14]　李广信，李学梅. 土力学中的渗透力与超静孔隙水压力［J］. 岩土工程界，2009，12（4）：11-12.

[15]　王立忠. 岩土工程现场监测技术及其应用［M］. 杭州：浙江大学出版社，2000.

[16]　张继文，于永堂，李攀，等. 黄土削峁填沟高填方地下水监测与分析［J］. 西安建筑科技大学学报（自然科学版），2016，48（4）：477-483.

[17]　机械工业勘察设计研究院有限公司，合肥工业大学. 黄土高填方现场监测技术研究报告［R］. 2015.